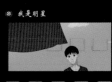
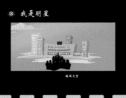

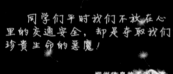

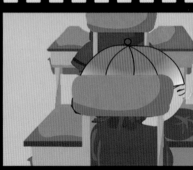

图书在版编目(CIP)数据

Flash CS3 动画制作项目实训教程/赵艳莉等主编. —合肥:安徽科学技术出版社,2010.6
ISBN 978-7-5337-4665-0

Ⅰ.①F⋯ Ⅱ.①赵⋯ Ⅲ.①动画-设计-图形软件,Flash
CS3-教材 Ⅳ.①TP391.41

中国版本图书馆 CIP 数据核字(2010)第 087132 号

Flash CS3 动画制作项目实训教程　　　　　　　　　　赵艳莉 等　主编

....

出 版 人:黄和平　　　选题策划:王　勇　　　责任编辑:王　勇
责任校对:程　苗　　　责任印制:李伦洲　　　装帧设计:朱　婧
出版发行:时代出版传媒股份有限公司　http://www.press-mart.com
　　　　　安徽科学技术出版社　　　　　http://www.ahstp.net
　　　　(合肥市政务文化新区圣泉路 1118 号出版传媒广场,邮编:230071)
　　　　　电话:(0551)3533330
印　　制:合肥创新印务有限公司　　电话:(0551)4456946
(如发现印装质量问题,影响阅读,请与印刷厂商联系调换)

....

开本:787×1092　1/16　　　印张:13.5　　　字数:290 千
版次:2010 年 6 月第 1 版　　2010 年 6 月第 1 次印刷

....

ISBN 978-7-5337-4665-0　　　　　　　　　　　定价:28.00 元

内　容　提　要

本书以目前常用的二维动画设计制作软件 Adobe Flash CS3 为蓝本，采用项目教学模式的编写方式，通过丰富的情景设定引出项目和任务，再由每个项目的具体完成步骤来完整地介绍 Flash 动画制作和设计技术。本书以"必须、够用"为原则，力求降低理论难度，加大技能操作强度，形成在练中学，最后到用及用好的循序渐进的过程。

本书共 11 个单元，主要内容包括动画创作的概念、Flash 动画的创作流程、熟悉 Flash CS3 软件环境、绘制和编辑图形、创建简单动画、创建特殊动画、处理动画片中所需素材、镜头语言的应用、创作"奥运宣传"网页广告、创作"我是明星"公益 MTV、创作"珍爱生命，关注交通安全"动画短片等。

本书可作为全国职业院校 Flash 动画设计与制作课程的教学用书，也可作为 Flash 初学者的自学用书。

前　言

本书以目前常用的二维动画设计制作软件 Adobe Flash CS3 为蓝本，采用项目教学模式的编写方式，通过丰富的情景设定引出项目和任务，再由每个项目的具体完成步骤来完整地介绍 Flash 动画制作和设计技术，充分体现了"以服务为宗旨，以就业为导向，以能力为本位"的职业教育办学宗旨。本书的编写特点是：通过每个单元的若干项目的完成过程引出与之相关的知识点，每个项目目标的实现是在操作活动中完成的。每个项目由项目描述、项目分析、项目目标、若干任务的操作步骤、项目小结组成，在各任务的操作过程中以知识百科的形式穿插了操作中用到的与项目目标有关的知识点，以"必须、够用"为原则，力求降低理论难度，加大技能操作强度，形成在练中学，直到会用及用好，循序渐进。通过提供的"贴心提示""项目小结"等特色模块来巩固、加深所学内容。在每一项目中为了突破难点，在项目小结中采用启发式的语言帮助学生巩固学习效果。另外，每一单元最后提供了"知识拓展"和"单元小结"和"实训实习"等模块，用于知识延伸和加强动手能力的提高。

本书共分 11 个单元，第 1、第 2 单元主要介绍了 Flash 动画创作的理论知识，让读者明白动画创作是怎么一回事；第 3～第 4 单元主要介绍了 Flash 软件的基础操作，其内容安排由浅入深，适合初学者从入门到提高的过程，使其快速掌握动画制作技巧；第 8 单元主要介绍了动画片创作中的灵魂即镜头语言，使动画效果更出彩；最后 3 个单元分别介绍了 3 个实用作品的设计及制作过程，让已有一定动画制作基础的读者对使用 Flash 软件进行动画设计和制作有更全面的认识。

为方便教师教学、学生学习，本书配备了教学资源包，包括素材、所有项目的效果演示、电子教案等。

本课程的教学时数为 108 学时，各单元的参考教学课时见以下课时分配表。另外，开设本课程之前建议最好先期已经进行了速写、色彩及平面构成等美术理论的学习。

单　元	教 学 内 容	课 时 分 配	
		讲　授	实践训练
第 1 单元	动画创作的概念	2	2
第 2 单元	Flash 动画的创作流程	2	4
第 3 单元	熟悉 Flash CS3 软件环境	2	4
第 4 单元	绘制和编辑图形	2	6
第 5 单元	创建简单动画	2	4
第 6 单元	创建特殊动画	4	8
第 7 单元	处理动画片中所需素材	4	8
第 8 单元	镜头语言的应用	2	4

单　　元	教 学 内 容	课 时 分 配	
		讲　　授	实践训练
第 9 单元	创作"奥运宣传"网页广告		12
第 10 单元	创作"我是明星"公益 MTV		18
第 11 单元	创作"珍爱生命,关注交通安全"动画短片		18
课时总计		20	88

本书由赵艳莉、郭华、李继锋担任主编。参加本书编写的有赵艳莉、郭华、袁勤、陈思、龙金辉、丁汀、宋哲理、李继锋。赵艳莉对本书进行了统稿和整理。翟岩和方德花在本书的素材整理和课件制作上提供了很大的帮助,在此表示感谢。

由于作者水平有限,书中难免存在错误和不妥之处,敬请广大读者批评指正。

编　者

目　　录

第 1 单元

动画创作的概念

动画片是一种电影艺术的表现形态。动画片的创作是既动脑又动手的过程，并且需要通过一系列工艺和技术处理才能完成这一过程。本单元通过对多种不同形态的动画影片分析，使读者对动画片的表现形态有一定的了解。另外，通过介绍 Flash 软件制作动画的优势，使读者知道 Flash 动画应用范围的广泛性。

本单元按以下 2 个项目进行：

项目 1 　认识动画影片中几大关键要素。

项目 2 　分析 Flash 软件制作动画的优势。

项目 1　认识动画影片中几大关键要素

项目描述

小张对电脑动画非常感兴趣,迫切地想亲身感受制作动画片的快乐。可他不知从何处着手开始学习。为此,他是一头雾水,十分茫然。

项目分析

对于小张的问题,首先需要从动画的起源、创作目的和创作过程入手,了解动画影片的艺术形式有哪些,又是通过什么样的表现形式去吸引观众的。因此,本项目可分解为以下任务:

任务 1　了解动画片的艺术形式。

任务 2　了解影视动画的表现形态。

项目目标

● 熟知不同艺术形式的动画片。

● 熟知影视动画片中的关键要素。

任务 1　了解动画片的艺术形式

动画创作是用动画的语言来讲故事,表达思想感情。动画创作的过程是从文学剧本开始,经过多个阶段的艺术设计与技术处理,最后用电影的后期制作手段加工完成,达到视听艺术的完美效果。

动画片在艺术形式上的发展早已突破绘画性与平面性,在空间与表现形式上也日趋丰富多彩。现今的美国动画,以其高科技的手段,与电影的大力结合走在世界的前列,给人们带来更多全新的视觉享受。

下面介绍几种不同艺术形式的动画片。

1. 平面动画

平面动画最早是在纸面上进行绘制,以纸面绘画为主,是最接近于绘画、最常见、最古老的动画形式。1915 年厄尔·赫的发明了塞璐璐胶片,用它取代了以往的动画纸,画家就不用每一个背景都重画,而是将人物单独画在塞璐璐上,再把衬底背景垫在下面相叠拍摄,从而建立了动画片的基本拍摄方法。

运用这一技术的经典代表作有美国的《猫和老鼠》、中国的《大闹天宫》、日本的《樱桃小丸子》等。如图 1-1 所示。

2. 水墨动画

水墨动画片可以称得上是中国动画的一大创举。它将传统的中国水墨画引入到动画制作中,那种虚虚实实的意境和轻灵优雅的画面使动画片的艺术格调有了重大的突破。将国画中的笔情墨趣与电影艺术完美、巧妙地结合在一起,创造出一种行云流水般全新的视觉效果。

2

猫和老鼠　　　　　　　大闹天宫　　　　　　　樱桃小丸子

图 1-1　平面动画代表作品

运用这一技术的经典代表作有《小蝌蚪找妈妈》、《牧笛》等，如图 1-2 所示。

小蝌蚪找妈妈　　　　　　　　　　　牧笛

图 1-2　水墨动画代表作

3. 偶类动画

偶类动画的材质运用很广泛，如木头、黏土、塑胶、布、毛线、海绵、金属、各种生活用品、食品等。这种动画能反复利用素材，制作效率高。

运用这一技术的经典代表作有《阿凡提的故事》，如图 1-3 所示。

4. 电脑动画

随着经济的发展与科技的进步，电脑图像处理技术已经进入到几乎所有的商业设计领域中。电脑技术惊人的发展速度，已大大影响了我们的生活环境与现代产业。尤其是电脑动画的发展，更扩展了人类文化与艺术的呈现空间与思维空间。制作手法上常常是将二维动画技术与三维动画技术混合使用，达到出神入化的特效。

现今有很多电脑动画制成的影片值得我们欣

阿凡提的故事

图 1-3　偶类动画

3

赏和学习,如《埃及王子》、《冰河世纪》以及最新在中国上映的《阿凡达》。《阿凡达》中所使用的 3D 超级特效技术,更是一个电影界中划时代的里程碑,其在全世界一路高涨的票房数字刺激了数亿人的眼球。如图 1-4 所示。

埃及王子

冰河世纪

阿凡达

图 1-4　电脑动画

想一想

你看过以上提到的动画片吗?你最喜欢哪部动画片?有什么不同的感受?

知识·小百科

● 第一个职业动画片制作家被公认为是法国人爱米尔·科尔,他在 1908～1918 年间,共绘制了大约 100 部动画片。

● 第一部沃尔特·迪斯尼的彩色动画片是 1932 年用三原色工艺制作的《花和树》,1932 年 7 月在洛杉矶的格劳曼中国大戏院首映。

● 美国第一部大型动画片是 1937 年沃尔特·迪斯尼制作的《白雪公主》。

● 最受欢迎的动画角色是举世闻名的米老鼠,它诞生于 1928 年 11 月 18 日,那天也是第一部有声动画片《威廉号汽艇》首次公映之日,而米老鼠则是这部动画片的主角。

● 米老鼠和唐老鸭是美国动画大师沃尔特·迪斯尼绘制的两个最著名的动画角色。唐老鸭第一次出现在 1934 年的动画片《三只聪明的小鸡》中。

●《小蝌蚪找妈妈》是 1960 出品的世界上第一部水墨动画片。

任务2　了解创作影视动画的表现形态

动画创作的目的是为了让观众赏心悦目并且被感动。每一部经典的影视动画都是剧作家、影视导演、美术家、音乐家以及各种工艺技术专家等的集体创作活动的成果。

1. 影视动画创作资源

动画创作是创造性地表现和还原生活的艺术，没有对生活的关注和理解就不会有创作的激情，没有创作的激情就不会产生感动人的作品。日本动画大师宫崎骏和高佃勋一直以认真谨慎的工作态度，默默地在电视动画领域里耕耘。例如：《小魔女》画面中的欧式建筑；《红猪》所表现的意大利风情，都反映了作者的生活积累。迪斯尼创作《白雪公主》时请演员表演每一个动作；创作《小鹿班比》时，特地收养了一对小鹿，派创作人员到山区体验生活，从而能够精心描绘出生动的自然环境和野生动物的神态。

2. 影视动画导演的职责

动画片与电影的创作方式完全不一样。电影导演是指挥演员去记录现实的活动影像，而影视动画导演要根据原始剧本通过造型艺术手段来创造影像。他要思考和设计画面分镜头的影像效果如何转换，就是说他既要了解电影导演的创作手法及技巧，又要全面掌握动画语言的表达方式以及一系列工艺技术的操作方法。

下面以"秦时明月"动画中的一个镜头动画制作为例，来描述动画导演的工作方式。

第一步： 由文字剧本绘制出分镜脚本。图 1-5 是"秦时明月"动画中的一个镜头的分镜脚本之一。

S-Cut	PICTURE	ACTION	DIALOGUE	TIME
121		121. 从天明的位置朝着远处高月背影，天明的侧影从左侧入画，向前张望天明从树林中出来，蹑手蹑脚地过来，伸长脖子，好奇地看着高月的背影		

图 1-5　"秦时明月"动画中的一个镜头的分镜脚本

第二步： 指导制作人员将设想好的天明偷看高月的剧情用一连串的分镜头很好地衔接起来。图 1-6 是"秦时明月"动画中制作好的多个动画镜头通过剪辑合成，串成一小段动画剧情。

图 1-6　对"秦时明月"动画中制作好的多个动画镜头进行剪辑合成

想一想

通过上面展示的多个动画镜头，你能想象出少年天明初次碰见高月时尴尬的动画情景吗？

3. 影视动画的艺术价值展现

1）生动的情节

导演对整个电影剧情的编排和设定吸引了剧院中的观众。如《海底总动员》中，万里寻亲的主题不算新颖，它讲的是一个关于爱和友谊、勇气和成长、自由和选择的故事，结构上采用的也是常见的双线并行的方式：一边是父亲马林的万里寻亲，一边是儿子尼莫的成长。影片的主题、结构可以说不算新颖，但是其生动的情节给整个故事注入了想象力之魂。

2）高品质的音乐音效

声音的逼真可以用来渲染和加强画面的感染力。如《埃及王子》开篇的歌曲以及音乐，每当影片出现悲伤或者欢乐的情绪时，都会伴有这种饱和状态的音乐出现，因而观众被这种声画组成的戏剧高潮所感动，不由自主地陷入导演设置好的规定情景之中。

3）精益求精的画面质量

动画影视对画面质量和工艺技术要求非常高。例如《千与千寻》里对水的清澈剔透的表现，《埃及王子》中皇宫纱幕的质感，《冰河世纪》里各种动物皮毛的质感。

4）诙谐幽默的语言及夸张的肢体动作令人捧腹大笑

《猫与老鼠》中 Tom 和 Jerry 那无休止的争斗与冲突，通过夸张的肢体动作表现出来，令老少都捧腹大笑，百看不厌。

5）超现实的环境使人遐想联翩

《冰河世纪》中恐龙生活时代的画面是一种猜想的情景，片中的小松鼠一出现往往预示将要发生什么事情。

想一想

如果你是一名动画片导演,在编导之前你会做些什么? 在编制的过程中你会侧重于动画片中的哪些表现形态呢?

知识小·百科

动画界知名导演

★ 沃尔特·迪斯尼,美国著名导演、制片人、编剧、配音演员和卡通设计者,并且和其兄洛伊·迪士尼一同创办了世界著名的沃尔特·迪斯尼公司。沃尔特·迪斯尼是一个成功的故事讲述者,一个实践能力很强的制片人和一个很普通的艺人。代表作品:《白雪公主》、《木偶奇遇记》等,还有米老鼠、唐老鸭等经典动画角色。

★ 宫崎骏是日本著名动画片导演,1941 年 1 月 5 日生于东京。宫崎骏在全球动画界具有无可替代的地位,迪斯尼称其为"动画界的黑泽明",更是获奖无数。代表作品:《千与千寻》、《风之谷》、《天空之城》、《龙猫》等。

★ 万古蟾,万氏兄弟是中国美术片的开拓者。1940 年,完成了中国第一部长动画片《铁扇公主》,极富民族特色。万超尘在1951 年与他人合作,研制了彩色关节木偶,并于 1953 年摄制了中国第一部木偶片《小小英雄》。此后担任上海美术电影制片厂导演,拍摄了《机智的山羊》和《雕龙记》等。这两部影片均在国际电影节上获奖。万古蟾 1956 年开始研究剪纸片,1958 年拍摄了中国第一部剪纸片《猪八戒吃西瓜》,此后他又完成了《渔童》、《济公斗蟋蟀》、《人参娃娃》、《金色的海螺》等剪纸片,并先后在国内国际获奖。万籁鸣于 1960 年参加《大闹天宫》的绘画设计和编导工作,该片富于民族色彩,场面宏大,色彩缤纷,多次在国际电影节上获奖。

项目小结

本项目介绍了动画片的几种艺术形式以及创作影视动画的表现形态,使读者对电脑动画有了初步的了解,为学习 Flash 动画打下基础。

项目 2　分析 Flash 软件制作动画的优势

项目描述

学习了项目 1 的知识后，小张的兴趣更浓了，想进一步了解电脑动画的工作原理，以及用 Flash 制作动画的优势。

项目分析

对于解决小张的这个问题，可从了解电脑动画的分类和电脑二维动画的制作流程入手，然后通过分析 Flash 的特点来了解用 Flash 软件制作动画的优势和应用领域。因此，本项目可分解为以下任务：

任务 1　解析电脑动画原理。

任务 2　了解用 Flash 软件制作电脑动画的优势。

项目目标

● 掌握电脑动画原理。

● 熟知 Flash 软件制作电脑动画的优势。

任务 1　解析电脑动画原理

无论是电影、电视还是网上流行的动画影像，都是将静止的画面转换为动态画面的艺术效果体现，这一视觉现象源于人眼视觉残留效应。

1. 电脑动画的分类

电脑动画制作根据运动的控制方式不同，分为实时动画和逐帧动画两种。实时动画是用算法来实现物体的运动，逐帧动画也称为帧动画或关键帧动画，通过一帧一帧显示动画的图像序列而实现运动的效果。根据视觉效果的不同，电脑动画还可以分为二维动画和三维动画，如图 1-7 所示。

图 1-7　二维动画(左)和三维动画(右)

2. 电脑二维动画制作

目前最广泛应用的电脑二维动画制作软件有 Anomo、Toonz、Flash 等，它们的工作原理是相同的。

制作动画的工艺有以下两种：

第一种是传统式工艺，又称为二维动画的数字后期制作。其工艺流程是这样的：

动画画稿在纸上完成后，通过扫描仪输入计算机，在计算机中进行描线上色等技术处理。同时，通过图像处理软件在计算机中绘制或修改背景图像。最后在专门的二维动画后期制作软件中进行影像效果合成。

这种方式存在一定的缺点：描线上色效率很低，而且发生错误不易修改；上色受到化学颜料的限制；使动画制作周期变长。

第二种是无纸动画。直接在计算机中绘制动画。Flash 动画就是无纸动画中的一种。

原画师在图像处理软件中直接绘制动画人物和背景，由动画师绘制中间画，将几个静态的图像串起来快速播放形成一个基本动作。比如，人走路需要 8 张静态图来完成。然后根据故事情节的要求，对活动的人和景进行合成，最后再加入动画声音和音效，输出成影片。

🕐 **贴心·提示**

电脑动画制作无论是哪种方式，都离不开平时的细心观察和在纸上刻苦练习速写技术。只有这样，画出的人物姿态才会活灵活现，动作才会连贯。

📶 **任务 2　了解 Flash 软件制作电脑动画的优势**

1. Flash 软件自身具有的特点

Flash 综合应用流控制技术和矢量技术，能够将矢量图、位图、音频、动画和深一层交互动作有机地、灵活地结合在一起，从而制作出美观、新奇、交互性更强的动画效果。用它制作出来的动画具有短小精悍的特点，所以软件一推出，就受到了广大网页设计者的青睐，被广泛用于网页动画的设计，成为当今最流行的网页设计软件之一。

它的优点概括为以下 4 点：

● 使用矢量图形和流式播放技术。与位图图形不同的是，矢量图形可以任意缩放尺寸而不影响图形的质量；流式播放技术使得动画可以边播边下载，从而缓解了网页浏览者焦急等待的情绪。

● 通过使用关键帧和元件，使得所生成的动画文件（. swf）非常小，用在网页设计上不仅可以使网页更加生动，而且小巧玲珑、下载迅速。

● 它把音乐、动画、声效融合在一起，音画合成制作简单，感染力强。

● 自身所带动作脚本库是开发游戏的好帮手。

2. Flash 软件的应用领域

Flash 软件基于上述特点，它在网络环境中应用范围非常广泛。

1）Flash 网页动画

大部分人接触 Flash 都是从网络开始的。网页中最常见的就是 GIF、SWF 的文件形式作为网页的片头动画、Banner、Logo、广告等。如图 1-8 所示。

2）Flash 动画短片

一首《东北人都是活雷锋》的 Flash 动画短片在网络上传播，让人们知道了雪村。Flash 动画短片在网络上很流行，它不受时间和空间的限制，没有浏览器版本的兼容问题。Flash

动画有崭新的视觉效果,比传统的动画更加灵活与灵巧,更加"酷"。不可否认,它已经成为一种新时代的艺术表现形式。如图1-9所示。

图1-8　全 Flash 网站　　　　　　　　　　图1-9　鼹鼠的故事

3) Flash 多媒体软件开发

Flash 的 ActionScript 编程功能,不但能够处理声音、图像、按钮、动画片断的各种操作,而且可以用它创建完整的动态站点,甚至可以开发手机游戏。从内容显示到参与交互,从前台计算到与数据库通信,从静止的画面到各种视频的插入,各种功能应有尽有。如图1-10所示。

4) Flash 交互网站与游戏开发

通过脚本语言与后台程序结合,实现多媒体交互功能。Flash 游戏就是其交互功能的重要体现之一。如图1-11所示。

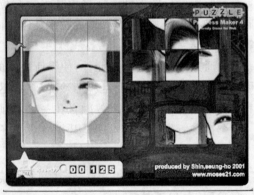

图1-10　多媒体课件　　　　　　　　　　图1-11　拼图游戏

 想一想

Flash 动画是网络上最火的动画,你能从网上找到 Flash 动画的影子吗?

项目小结

电脑动画制作需要有一定的美术功底,当你将人和物的形态都画得非常好了,再加上电脑技术的灵活应用,那么你写的文字故事就能变成一个动画短片。你的想象力会像长了翅膀的鸟儿自由在天空中飞翔!

Flash 软件虽小,但能够将矢量图、位图、音频、动画和深一层交互动作有机地、灵活地结合在一起,从而制作出美观、新奇、交互性更强的动画效果。尤其是用 Flash 生成的文件非常小,适合在网上传播,所以在互联网进入千家户的今天,它为人们提供了全新的审美方式。

单 元 小 结

本单元共完成 2 个项目,学完后应该有以下收获:

● 通过介绍几种不同艺术形式的动画片,使读者能够区分各种动画影片的不同。

● 大致了解动画创作由无到有的制作细节。知道影视动画用哪些表现形态来吸引观众。

● 了解电脑动画的工作原理。

● 了解电脑二维动画的制作流程。

● 熟悉 Flash 软件制作动画的优势。

● 熟悉 Flash 动画在网络中的应用领域。

实 训 练 习

(1)在纸上用铅笔绘画人的各种姿势。

(2)从网上下载一些动画片,观察模仿某个角色动作并熟记在心。

(3)在网上寻找 Flash 动画的影子,加深对其应用领域的了解。

(4)从网上下载 Flash 软件试用版,并安装到自己的电脑上。

第2单元

Flash动画的创作流程

使用 Flash 软件制作动画片时，由于动画制作的众多工序由一个人或几个人使用电脑来共同完成，因此，在制作动画之前需要对动画制作的流程有清楚的认识，才能制作出高质量的动画片。

本单元按以下 4 个项目进行：

项目 1　Flash 动画创作的前期准备。

项目 2　在 Flash 中画剧本中的人和物。

项目 3　在 Flash 中制作动画。

项目 4　音画合成之后测试、发布 Flash 文档。

项目1 Flash 动画创作的前期准备

项目描述

制作 Flash 动画前期准备工作都有哪些呢？小张迫不及待地想知道这一内容，以便早日开始自己的动画之旅。

项目分析

动画创作的前期准备工作有编写文字剧本和绘制分镜头两部分。因此，本项目分解为两个任务：

任务1　编写文字剧本。

任务2　绘制分镜头。

项目目标

● 掌握如何编写文字剧本。

● 掌握如何绘制分镜头。

任务1　编写文字剧本

文字剧本的创作是一部动画片的基础，由它勾画出故事的框架，包括开始、发展、起伏、高潮和结尾，以后的许多工作都是以它为基础的。动画片的文字剧本的文学样式广泛多样，具体包括神话、童话、寓言、民间故事、历史传说、科学幻想、幽默小品，等等。

文字剧本的基本要求是：剧本所描述的内容必须可以用画面来表现，抽象的、心理感受等不具备视觉特点的描述在剧本创作中是应该被禁止的。剧本的文字要简洁，能使制作者通过准确的文字表述轻松联想到画面。

下面通过中秋贺卡的制作，说明如何编写一个简单的剧本：

分析　网络时代，许多人逢年过节借助电子贺卡表达自己的各种心情。中秋贺卡就是在中秋节来临之际表达对亲朋好友思念和祝福之情的电子贺卡。主题是中秋思念和祝福，贺卡播放时间通常为几十秒，但从创意到制作需要几个小时甚至几天。可以事先准备一些需要的图片。文字剧本内容如下：

中秋月景

在视野中缓缓出现一轮明月。

出现文字：又到中秋月圆时。

海上明月景

海面上升起一轮明月，推出文字："海上升明月，天涯共此时"。

出现文字：让月光寄托对你的思念，祝中秋快乐。

画面如图 2-1 所示。

任务2　绘制分镜头

文字剧本写好后，就要进行分镜头的绘制了。如果说文字剧本是用文字讲故事，那么绘

图 2-1　中秋贺卡画面

制分镜头就是用画面讲故事。其中包括人物的移动、镜头的移动、视角的转换等,并配上相关文字阐释。在构思剧本中包括作者的要求和文字等说明,而在分镜头绘制中,则是采用一系列连续的草图来表现动画,这比剧本更容易让人理解。

绘制过程中,要充分体现剧本的创作意图、创作思想和创作风格。镜头流畅自然,画面形象简洁,对白、音效等标识要明确。这样就能创作出十分精致明确的分镜头剧本,为接下来的工作奠定基础。分镜头台本要把握的语言单位是一幅幅画面,这些单位画面,就如同一个词语或一个短句,组合在一起形成图画故事形式的"段落"或"篇章",表达出作者的某种思想。要抓住一条主线。由于在较长的故事情节中会有很多小事件、小片断的衔接,这些都有可能出现在不同的时空中,有时会有很大的跨度。为了让观看者的注意力保持集中,不会因此游离于故事的主旨思想之外而产生叙述混乱、不知所云的感觉,需要保持整个作品的组织性和次序性,使这些个体内容有机地联接为一个整体。

在一部动画片的创作及制作过程中,动画分镜头设计是体现动画片构架、故事的逻辑、控制节奏的重要环节。从动画创作的角度上看,这已是进入视听语言表现层面。不仅要对全片所有镜头的变化与连接关系,甚至包括节奏都要进行设计,同时对于每一个镜头的画面、声音、时间等所有构成要素都要做出设定。动画分镜头设计实际上是动画创作者对Flash 动画剧本的理解和表现的周密思考,同时也是创作者对动画的总体设计和施工蓝图。

动画分镜头设计,不要求每一个镜头都表现得很细致,只要能够表达出每场戏、每个场景就可以了。动画分镜头是转化成画面形式的剧本。

Flash 动画作品是以一定的画幅空间为单位的连续形态的画面,观看者以此来推展演绎其内涵与审议,从而将视觉的具体形象语言还原成思维中的抽象、概念的东西。这种表述手段就如同电影的时间流程。要想准确、连贯地表达脚本的内容与思想,就必须在进行绘制之前,先做好分镜头台本设计的工作。

分镜头绘制以人的视觉特点为依据划分镜头,将剧本中的生活场景、人物行为及人物关系具体化、形象化,把整个作品的大体轮廓勾勒出来。分镜头可以在纸上绘制,也可以在Flash 中绘制。

在 Flash 中绘制的步骤如下:

首先,在 Flash 中建一个场景,插入若干关键帧,然后一帧一帧进行绘制。当全部绘制完成后,调整帧与帧之间的间隔,也就是每个镜头的长度。

如图 2-2 和图 2-3 所示为一些经典的分镜头台本例子。

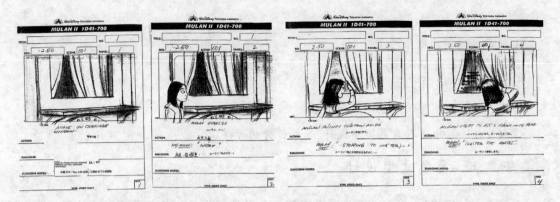

图 2-2 《花木兰》分镜头台本

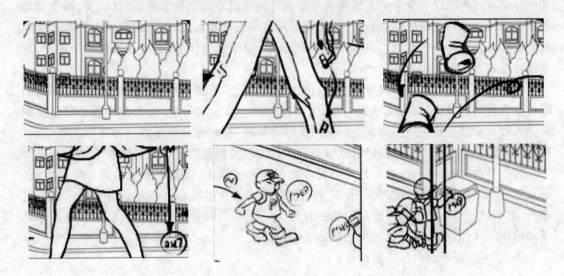

图 2-3 《环保宣传片》的分镜头台本

 项目小结

　　文字剧本可繁可简,但主题、创意和故事情节要突出,要使人轻松联想到画面。绘制分镜头台本时应注意:要画出人物位置、地理环境;场景绘制要明确视线、进出场方向;画面间的关系要顺畅。

项目 2　在 Flash 中画剧本中的人和物

项目描述

　　一部 Flash 动画卡通作品,如果仅有优秀的剧本、分镜头台本,但其中人和物(角色和场景)的视觉设计较为粗糙或者了无新意的话,也只能算是一个业余的作品。专业的 Flash 动画卡通作品,必定在角色外型设计、场景设计等方面都很出色。

15

项目分析

本项目可分解为以下两个任务：

任务1　角色造型设计。

任务2　场景设计。

项目目标

掌握在 Flash 中进行角色造型设计、场景设计的方法。

任务1　角色造型设计

分镜头设计完成后，接着就要进行动画片的角色造型设计。角色造型设计的好坏决定动画片受欢迎的程度。优秀的卡通角色外型设计能给观众以美的享受，设计精美、恰当的角色才能够将剧情表演得生动、精彩。即使动画片情节不尽如人意，但人们会因为喜欢片中的造型设计而喜爱此造型塑造的故事。专业的 Flash 动画卡通作品，必定在角色外型设计、场景设计等各方面都很出色。

角色造型设计就是根据故事的需要，设计登场角色的造型、身材比例、服装样式、不同的眼神及表情，并表现出角色的外貌特征、个性特点等。以人物为例，人物设计通常需要绘制同一人物头部及全身正、背、侧多个不同角度的效果图，有时还会包括线条封闭的人物发型、身着不同款式服装的造型、与其他角色的身高对比，以及佩戴的小饰物等细节。

在所有动画制作环节中，角色造型设计能起到理解剧本，将剧本中虚幻的形象具体化，确立整部动画影片风格特征的作用，这项工作在动画制作过程中占有非常重要的位置。唐老鸭、米老鼠、一休、孙悟空等成功的角色设计无一不是动画片中的精髓。很多人也许忘记了动画片的具体情节，但对这些角色却是记忆犹新。

图2-4为经典的角色造型设计示例。

图2-4　经典的角色造型设计

造型设计的要点是：简洁、易动、个性突出。

● 简洁　因动画片的造型都是一笔一笔画出来的，因而简洁就意味着制作周期短，难度也会随之降低。

● 易动　在 Flash 中，以简洁的造型做基础，尽可能将角色的关键部位、运动部位做成独立的元件，当角色做运动时，便于利用【任意变形工具】做简单的移动、旋转等。

● 个性突出　通过造型设计突出个性，如"小破孩"的憨厚、朴实，通过"小破孩""背着手低头走路"的典型形象加以表现。

任务 2　场景设计

学习场景设计，首先要理解场景的含义。场景往往被简单误解为背景，但其实它们有着本质的区别。说来也不复杂，背景是指图画上衬托的景物，而场景是指戏剧、电影中的场面。背景中的背是背后的意思，是空间的概念，景是景物的意思，也是空间的概念；而场景中的场是戏剧电影中较小的段落，故事中一个片段的意思，是时间的概念。

动画场景设计是指动画作品中除角色造型以外的随着时间改变而变化的一切景物的造型设计。动画的主体是动画角色，场景就是随着故事的展开，围绕在角色周围，与角色发生关系的所有景物，即角色所处的生活场所、陈设道具、社会环境、自然环境以及历史环境，甚至包括作为社会背景出现的群众角色，都是场景设计的范围，都是场景设计要完成的设计任务。如图 2－5 所示为动画片中的场景。

图 2－5　动画片的场景

场景设计应注意：

1. 从剧本出发，从生活出发

要熟读并理解剧本，明确历史背景和时代特征；明确地域民族特点；分析人物；明确作品类型风格；深入生活，搜集素材，做到场景造型风格与人物风格的和谐统一。

2. 把握主题，确定场景基调

在进行场景设计的时候，无疑要紧紧把握作品的主题，因为它是艺术作品的灵魂。如何将这种存在于意念和精神中的主题灵魂表现在视觉形象中？其实方法也不复杂，就是要寻找出作品的基调。比如，或欢快、或悲壮、或英武、或诙谐，等等。

场景表现要注意的 5 个问题是：剧情、时代、地域、时间和季节。

项目小结

　　本项目介绍了人物造型设计和场景设计,可以多观看一些动画片来体会如何更好地设计人物和场景。

 项目3　在 Flash 中制作动画

项目描述

　　学习了前面的知识后,小张再也按奈不住了,着手开始在 Flash 中制作动画。

项目分析

　　在 Flash 中制作动画,本项目将简单地介绍如何制作 Flash 动画。因此,本项目可以分解为以下任务:

　　任务1　创建新文档。

　　任务2　设置文档属性。

　　任务3　制作动画。

　　任务4　测试与预览动画。

　　任务5　导出动画。

　　任务6　保存文档与退出 Flash。

项目目标

　　掌握在 Flash 软件中制作动画的具体步骤。

任务1　创建新文档

　　在 Flash 中创建新文档可以采用以下方法。

　　方法1　通过【开始页】创建新文档。执行【开始】→【程序】→【Adobe Flash CS3 Professional】命令,打开【开始页】窗口,如图2-6所示。这里:

　　●"打开最近的项目"　在最近曾打开过的项目中单击选择即可打开该 Flash 文档;单击【打开】按钮,将打开【打开文件】对话框,选择要打开的文件。

　　●"新建"　从列表中选择要建立的文件类型(如动作脚本或文档),建立新文件。

　　●"从模板创建"　从列表中选择模板,按照模板创建新文档。

　　方法2　使用菜单命令创建新文档。执行【文件】→【新建】命令,打开【新建】对话框;在【常规】选项卡上选择【Flash 文档】,即可创建一个新文档。

　　方法3　使用【新建文件】按钮来创建新文档。单击主工具栏中的【新建】按钮,可以创建与上次创建的文档相同类型的新文档。

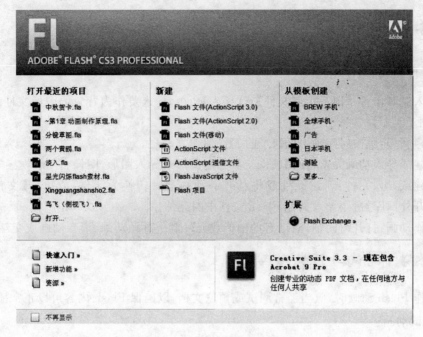

图 2-6 【开始页】窗口

任务2　设置文档属性

操作步骤

①执行【修改】→【文档】命令,打开【文档属性】对话框,如图 2-7 所示。

● 指定文档大小:在"宽"和"高"文本框中输入数值(以像素为单位,如要改变单位,在"标尺单位"下拉列表中选择)。

● 将文档大小设置为默认大小(默认文档大小为 550×400 像素),单击【默认】按钮即可。

● 设置背景颜色:单击"背景颜色"框中的下拉箭头,从调色板中选择一种颜色即可。

● 设置帧频:即每秒显示的动画帧的数量。电脑显示的默认帧频为 12fps。如果需要修改,在"帧频"框中输入即可。

● 如果只将新的设置用做当前新文档的属性,单击【确定】按钮即可。

图 2-7 【文档属性】对话框

● 如果要将新设置用做所有新文档的默认属性,单击【设为默认值】按钮即可。

②参数设定好以后,单击【确定】按钮,完成文档属性的设置。

任务 3　制作动画

操 作 步 骤

①导入或制作背景图：执行【文件】→【导入】命令，导入要作为背景的图像文件或者使用 Flash 绘图工具制作背景图像。

②创建新层：单击时间轴上的【创建层】按钮建立新层。

③创建或导入动画元素：使用绘图工具绘制图形或导入图形、图像、音频、视频等。

④创建或导入元件：新建元件或将已有的动画素材转换为元件，或执行【文件】→【导入】→【打开外部库】命令导入其他 Flash 文件中的元件。

⑤制作动画：打开时间轴，对已有的图形或元件制作逐帧动画、渐变动画或交互式动画。

任务 4　测试与预览动画

在制作 Flash 动画时，应当经常测试或预览文档，以确保 Flash 内容可以正常播放。

1. 测试动画

执行【控制】→【测试影片】命令或按【Ctrl＋Enter】快捷键，Flash 内容将会在一个 SWF 文件窗口中播放；查看完 SWF 内容后，关闭 SWF 文件窗口，返回编辑窗口。

2. 预览文档

执行【文件】→【发布预览】命令或按【F12】键，当前 Flash 文件将会在浏览器窗口中打开，从而可以预览该文档。

任务 5　导出动画

在制作完 Flash 动画后，可以将动画导出。

操 作 步 骤

①执行【文件】→【导出影片】命令，打开【导出影片】对话框。

②输入要导出的文件的名称。

③选择文件格式（默认为.swf 格式）。

④单击【导出】按钮，打开【导出】对话框，为所选的格式设置导出选项。

⑤单击【确定】按钮。

任务 6　保存文档与退出 Flash

在 Flash 动画制作过程中或完成制作时，应当保存 Flash 源文件（.fla 文档）。

保存文档的方法：

方法 1　覆盖磁盘上的当前文档，则执行【文件】→【保存】命令。

方法 2　将文档保存到不同的位置或用不同的名称保存文档，则执行【文件】→【另存为】命令。

方法 3　执行【文件】→【退出】命令或单击【关闭】按钮，则根据 Flash 提示保存更改并关闭文档。

　　本项目主要介绍了 Flash 动画制作的一般过程,应掌握以下内容:创建新文档、设置文档属性、制作动画、测试与预览动画、导出动画和保存文档与退出 Flash。

项目 4　音画合成之后测试、发布 Flash 文档

项目描述

　　动画片是一种电影电视表现形式,电影电视是以运动的画面和与之相伴的音乐传播信息、表达思想情感和讲述事件的视与听结合的艺术形式。视觉与听觉虽然给人不同的感受,但它们之间互为补充,相辅相成,画面赋予声音以形态和神韵,音乐给画面生命和生活气息。这种影视艺术所特有的视听语言,具有特别形象、生动、感人的作用。动画片作为视听艺术类型之一,也是由视觉的画面和听觉的声音组成的。一部优秀的动画影片,声、画关系必然是非常和谐的。音画合成后要进行测试、发布 Flash 文档。

项目分析

　　在动画片创作中,不可忽略对音乐的编辑,本项目可分解为以下任务:

任务 1　了解动画片中音乐的作用。

任务 2　声音的导入和编辑操作。

任务 3　音画合成后测试、发布 Flash 文档操作。

项目目标

- 了解动画片中声音的作用。
- 掌握音乐的导入和使用。
- 掌握音画合成后的测试、发布 Flash 文档的方法。

任务 1　了解动画片中音乐的作用

　　动画片往往以虚构的故事情节和极度的夸张见长,这就要求影片中音乐的节奏与形象动作的节奏必须高度吻合,只有这样才能获得生动有趣的屏幕效果。

　　由于动画中的故事情节会起伏跌宕,气氛有时紧张、有时舒缓,可以用音乐营造气氛,达到更好的效果。动画片中的角色是有性格的,随着剧情的发展变化,角色会有喜怒哀乐,这时音乐可以渲染情绪,增添动画片的情趣。

　　动画中的音乐,其创作构思以片中的思想情感、视觉形象和剧情结构为基础。通过音乐形象烘托影片的环境气氛、人物形象和主题思想,以增强动画片的艺术感染力。

　　根据剧情的需要,可以选择合适的音乐先导入 Flash,然后根据音乐的节奏制作动画。音乐要与动作节奏一致,要烘托气氛,渲染情绪。

任务 2　音乐的导入和使用操作

1. 音乐的导入

不能利用 Flash 创建或录制音乐,编辑动画所使用的音乐素材都要从外部以文件的形式导入到 Flash 中。直接导入 Flash 中应用的声音文件,主要包括 WAV 和 MP3 两种格式。如果系统安装了 QuickTime 4 或更高版本,则还可以导入 AIFF 格式和只有声音的 Quick-Time 影片格式。

操作步骤

①执行【文件】→【导入】→【导入到库】命令,打开【导入到库】对话框。

②在【导入到库】对话框中,定位并打开所需的声音文件。

③Flash 将音频文件存放在元件库中。打开库,单击【播放】按钮可以试听,如图 2-8 所示。

贴心提示

在库中的声音文件有上下两个波形,表示此声音文件为双声道文件。如果只显示一个波形,则表示文件为单声道的声音;如果在导入 MP3 声音文件时显示"读取文件时出现问题,一个或多个文件没有导入",可以将该文件使用音频转换软件重新压缩或转换为 WAV 文件后再导入。

图 2-8　【库】面板

2. 为影片添加音乐

在 Flash 影片中添加音乐,首先要导入音乐,并在时间轴上建立专门放置声音的图层,如图 2-9 所示。在时间轴上可以建立多个声音图层,在导出影片时 Flash 将对声音进行合成。

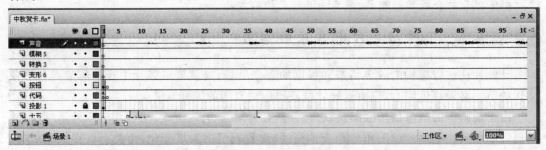

图 2-9　【声音】图层

操作步骤

①将音乐文件导入 Flash。

②执行【插入】→【图层】命令为声音创建一个新图层。在该图层上需要开始播放音乐的帧处创建一个关键帧。

③单击要添加声音的关键帧,在【属性】面板声音下拉列表框中选择一个声音文件。

④单击"同步"下三角,弹出下拉菜单,选择需要的选项,如图 2－10 所示。

● "事件"　声音的播放和事件的发生同步。声音在它的起始关键帧开始播放,并不受时间轴控制。即使影片播放完毕,声音也继续播放,直到此声音文件播放完毕为止。采用该方式的声音文件必须完全下载后才能够播放。该方式的声音文件最好短小,常用于制作按钮声音或各种音效。

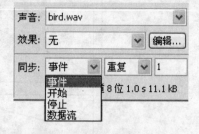

图 2－10　【同步】下拉菜单

● "开始"　与事件选项的功能相似,所不同的是,如果声音正在播放,使用此选项则不会播放新的声音。

● "停止"　停止播放指定的声音。

● "数据流"　声音和时间轴保持同步。声音文件可以一边下载一边播放,当影片播放完毕,声音也随之终止。主要用于制作背景音乐或 MTV。

⑤选择播放次数。

● "重复"　需要输入一个值,以指定声音应循环的次数。

● "循环"　连续重复播放声音。

贴心提示:

　　声音在到达时间轴中的终点时就会停下来。可以通过在声音图层中加入更多的帧来延长声音的播放时间。在编辑过程中按 Enter 键可以测试声音。也可按 Ctrl＋Enter 键使用测试影片的方法测试。

3. 声音的效果设置和编辑

对于添加到时间轴上的声音,可以通过设置声音效果或通过声音的【属性】面板对声音进行恰当设置,从而更好地发挥声音的效果。

操作步骤

①在时间轴上,选择包含声音文件的第一个帧。

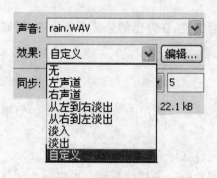

图 2－11　【效果】下拉菜单

②在声音【属性】面板中,单击"效果"下三角,弹出下拉菜单,从中选择声音效果选项,如图 2－11 所示。

● "无"　无特效。

● "左声道"　只在左声道播放声音。

● "右声道"　只在右声道播放声音。

● "从左到右淡出"　声音从左向右渐变。

● "从右到左淡出"　声音从右向左渐变。

● "淡入"　在声音的持续时间内逐渐放大。

● "淡出"　在声音的持续时间内逐渐减小。

● "自定义"　创建自己定制的声音效果。

③如果选择"自定义"或单击【编辑】按钮,可以打开【声音封套】对话框,如图 2－12 所示。使用此控件可以改变声音开始播放和停止播放的位置或调整音量的大小。

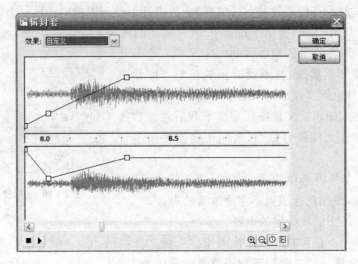

图 2 - 12 【声音封套】对话框

这里：

● 要改变声音的起始点和终止点：拖动"开始时间"和"停止时间"控件。

● 要更改音量大小：拖动封套手柄来改变声音中不同点处的音量大小。封套线显示声音播放时的音量。

● 添加封套手柄：单击封套线创建新的封套（最多可达 8 个）。

● 删除封套手柄：将封套手柄拖出窗口。

● 改变窗口中显示的声音长度：单击【放大】或【缩小】按钮。

● 在秒和帧间切换时间单位：单击【秒】或【帧】按钮。

● 试听编辑后的声音：单击【播放】按钮。

4. 声音的压缩与属性设置

Flash 在输出动画时会采用默认设置对声音进行压缩。如果要自行设置适当的压缩比例与理想的声音品质，可以使用 Flash【声音属性】面板进行设置。

操 作 步 骤

①双击【库】面板中的声音文件图标或右键单击声音文件，在弹出的快捷菜单中选择【属性】命令，打开【声音属性】对话框，如图 2 - 13 所示。

②取消"使用导入的 MP3 品质"项的勾选。

③在"压缩"框的下拉列表中：

(1)"ADPCM"。用于 8 位或 16 位声音数据的压缩设置。适用于单击按钮之类的短事件声音。

● "预处理"　勾选"将立体声转换为单声道"会将混合立体声转换为单声道。

● "采样率"　用于决定导出的声音文件每秒播放的位数。采样比率较低可以减小文件容量，但也降低声音品质。11kHz 是最低的建议声音品质；22kHz 是用于 Web 播放常用选择；44kHz 是标准的 CD 音频比率。

● "ADPCM 位"　输出时的转换位数，位数越多，音效越好，但文件越大。

图 2 – 13　【声音属性】对话框

（2）"MP3"。用 MP3 压缩格式导出声音，如图 2 - 14 所示。当导出较长的音频流时使用。

● "比特率"　Flash 支持最小 8kbps、最大 160kbps。当导出声音时，需要将比特率设为 16kbps 或更高，以获得最佳效果。

● "品质"　用以确定压缩速度和声音质量。其中：

图 2 – 14　MP3 格式设置

"快速"　压缩速度最快，但声音品质最低。

"中"　压缩速度较快，但声音品质较低。

"最佳"　压缩速度最慢，但声音品质最高。

（3）"原始"。导出的声音文件不经过压缩。

（4）"语音"。使用适合于语音的压缩方式导出声音。建议对语音使用 11kHz 采样比率。

④单击【测试】按钮，试听设置的声音。

⑤设置完毕，单击【确定】按钮。

任务 3　音画合成后测试、发布 Flash 文档操作

1. 测试影片

操作步骤

①执行【控制】→【测试场景】命令或执行【控制】→【测试影片】命令。

②执行【视图】→【下载设置】命令，然后选择一个下载速度来确定 Flash 模拟的数据流速率。

③执行【视图】→【带宽设置】命令，显示下载性能的图表。

测试窗口如图 2 - 15 所示，由两部分组成：上方为带宽特征显示区；下方为动画播放区。

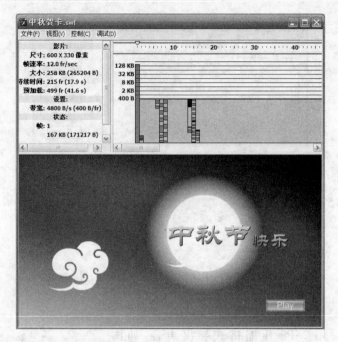

图 2-15 "中秋贺卡"测试窗口

- "带宽设置"区的左侧显示有关文档的信息、文档设置、文档状态等。
- "带宽设置"的右侧显示时间轴标题和图表。在该图表中,每个条形代表文档的一个单独帧。条形的大小对应于帧的字节大小。时间轴标题下面的红线指出,在当前的调制解调器速度下,指定的帧能否实时流动。如果某个条形伸出到红线之上,则文档必须等待该帧加载。

2. 动画发布

发布 Flash 文档的过程分为:发布设置和发布。

操作步骤

①执行【文件】→【发布设置】命令,打开【发布设置】对话框,如图 2-16 所示。

②在对话框中为每个要创建的文件选取格式选项。

③用户可以为文件输入名称,如果不输入名称,系统会为该电影文件自动设置一个默认的名称,即所有的文件名都将使用 Flash 文件的原始文件名,并在该文件名的后面加上各自的扩展名。

④在【发布设置】对话框中单击【Flash】标签,打开【Flash】选项卡,如图 2-17 所示。

⑤使用【Flash】选项卡用户可以改变以下设置:

- "版本" 指定导出的电影将在哪个版本的 Flash Player 上播放。单击下拉列表框中的下拉箭头,打开版本下拉列表,选择 Flash 播放器版本。
- "加载顺序" 选择首帧所有层的下载方式。
- "ActionScript 本版本" 选择使用 ActionScript 的版本。
- "生成大小报告" 选择此项在发布过程中将生成一个文本文件,给出文件大小。

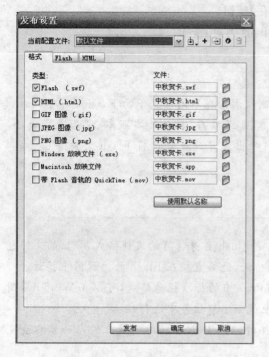

图 2-16　【发布设置】对话框

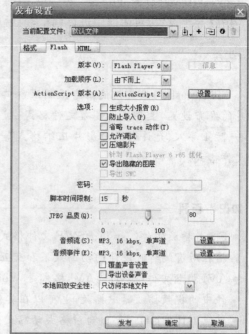

图 2-17　【发布设置】对话框之【Flash】选项卡

- "防止导入"　选中该项后,如果将此 Flash 放置到 Web 页面上,它将不能够被下载。
- "允许调试"　选中该项后,如果在动画播放过程中,系统探测到有影响下载性能的缺陷,可以自动对该缺陷进行调试,并进行自动优化。
- "压缩影片"　选中该项后,在发布时对影片进行压缩。
- "JPEG 品质"　确定影片中包含的位图图像应用 JPEG 文件格式压缩的比例。
- "音频流"和"音频事件"　单击这两个选项的【设置】按钮,在【声音设置】对话框中用户可以指定播放时声音的采样率和压缩方式。如果选中【覆盖声音设置】复选框,则设置对电影中的所有声音有效。

⑥如果想在浏览器中播放 Flash 电影,用户可以在【HTML】选项卡中设置。在其中可以指定影片在浏览器窗口中出现的位置、背景色、电影尺寸等。

⑦设置完选项后,若要生成所有指定的文件,单击【发布】按钮即可;只要在 Flash 文件中保存而不进行发布,则单击【确定】按钮即可。

3. 导出影片

使用【导出影片】命令可以将 Flash 文件导出为动画文件格式,如 Flash、QuickTime、Windows AVI 或 GIF 动画;也可以导出为多种静止的图像格式,如 GIF、JPEG、PNG、BMP、PICT 等。

操 作 步 骤

①执行【文件】→【导出】→【导出影片】命令,打开【导出影片】对话框。

②在对话框中为导出的电影命名。

③选择文件的保存类型,例如 Flash 影片(* . swf)、windows AVI(* . avi)、QuickTime

（＊.mov）、GIF 动画（＊.gif）等，然后单击【保存】按钮。

④在【导出设置】对话框中进行调整，最后单击【确定】按钮。

项目小结

测试 Flash 动画是指使用专用测试窗口测试影片在不同带宽下的下载状态；对 Flash 影片的发布设置，主要包括发布文件格式、版本、加载顺序、动作脚本版本、是否生成大小报告、防止导入、允许调试与影片压缩格式等；导出影片设置就是将 Flash 文件导出为各种文件格式。

知识·小·百科

● Flash 播放文件（.swf） SWF 文件格式是 Flash 自身特有的文件格式，导出的文件包括在所有编辑时设计的动画效果和交互功能，能够直接在 Flash 的播放器中播放。

● AVI 视频文件（.avi） AVI 格式是 Windows 中的标准视频格式，可以在 Windows 附件中的视频播放器中播放，也可以在其他视频编辑软件中进行编辑。

● 动画 GIF（.gif） 导出为该格式动画文件时，则 Flash 动画时间线上的每一帧都会变成 GIF 动画中的一幅图片。

● 序列文件 序列文件包括位图序列（.bmp）、JPEG 序列（.jpg）、GIF 序列（.gif）。导出为序列文件，则动画中的每一帧都会转变为一个单独的并在原有文件后面加上编号的 BMP、JPEG 或 GIF 文件。

单 元 小 结

本单元共完成 4 个项目，学完后应该有以下收获：

● 了解文字剧本和分镜头的创作过程。

● 掌握角色和场景设计的基础知识。

● 掌握在 Flash 中制作动画的过程。

● 掌握在 Flash 中音画合成之后的测试和发布。

实 训 练 习

（1）编写一文字剧本。

（2）将文字剧本改编为分场景文字剧本。

（3）绘制动画分镜头，并配以简洁文字介绍和对白（彩色分镜头、单色分镜头均可）。

（4）手绘或电脑绘制动画短片中的主要背景以及人物造型。要求画面细腻整洁。

第 **3** 单 元

熟悉 Flash CS3 软件
环境

使用 Flash CS3 制作动画，首先需要熟悉 Flash CS3 软件的工作环境，并掌握该软件的基本操作方法，以便为以后制作 Flash 动画打下坚实的基础。本单元通过对 Flash CS3 操作界面的介绍，使大家对 Flash CS3 的操作环境有所了解。另外，通过学习 Flash CS3 提供的模板制作动画，体验使用 Flash 制作简单动画的乐趣。

本单元按以下 2 个项目进行：

项目 1　认识 Flash CS3 的操作界面。
项目 2　利用模板制作简单动画。

项目 1　认识 Flash CS3 的操作界面

项目描述

用 Flash 制作的动画真是太奇妙了，那么 Flash CS3 是一个什么样的软件呢？小张急切地想知道如何启动 Flash CS3，以及 Flash CS3 有哪些功能。

项目分析

针对初学 Flash 的小张，首先应从启动 Flash 后的操作界面开始学习，分区域认识 Flash 操作界面的各部分功能和使用方法，从而为进一步学习打下基础。因此，本项目可分解为以下任务：

● 了解 Flash CS3 欢迎界面。

● 了解 Flash CS3 操作界面。

项目目标

● 熟悉 Flash CS3 的欢迎界面。

●' 熟悉 Flash CS3 操作界面中各区域的名称和功能。

任务 1　了解 Flash CS3 欢迎界面

启动 Flash CS3 后，将出现 Flash CS3 的欢迎界面。从中可以新建 Flash 文件；直接打开最近使用的项目；利用提供的模板创建 Flash 文档。在欢迎界面的左下方还有快速入门等网络资源链接供用户使用，如图 3－1 所示。

图 3－1　欢迎界面

想一想

欢迎界面是不是每次都必须显示？如何设置它是否显示？

任务 2　了解 Flash CS3 操作界面

从欢迎界面中选择新建"Flash 文件(ActionScript 3.0)"，进入 Flash CS3 操作界面，可以看到标题栏、菜单栏、时间轴面板、工具箱、舞台和工作区、属性面板、浮动面板，如图 3-2 所示。

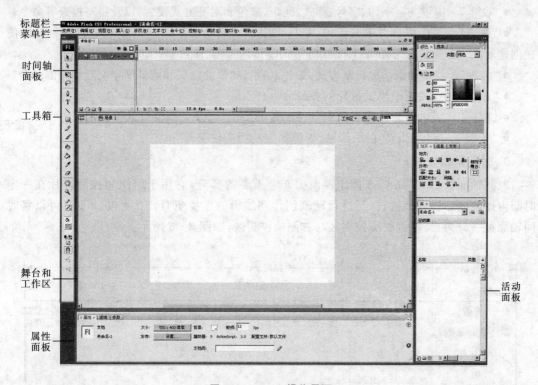

图 3-2　Flash 操作界面

1. 标题栏

标题栏是位于操作界面最上端的蓝色横条，它的左边依次是 Flash 标记、Flash 软件的名称以及目前工作文档的名称。单击最左边的标记可以打开系统菜单，对此程序窗口进行调节操作。使用最右边的 3 个按钮也可以调节应用程序窗口的状态，对窗口进行最小化、最大化|还原、关闭设置。

2. 菜单栏

菜单栏位于标题栏的下方，用户可以通过使用菜单对 Flash 软件进行操作。Flash CS3 中包括 11 个菜单项，分别是【文件】、【编辑】、【视图】、【插入】、【修改】、【文本】、【命令】、【控制】、【调试】、【窗口】、【帮助】。

- "文件"　提供对 Flash 文件的新建、打开、保存、关闭、导入、导出、发布和页面设置、打印等操作功能。

● "编辑" 提供对对象操作的撤销和重做;对各种对象的复制、剪切、粘贴、清除、查找和替换;时间轴中的相关操作;元件的编辑操作;对系统首选参数、自定义工具面板和快捷键设置。

● "视图" 提供场景的转换;舞台缩放设置;舞台中对象的显示状态设置;舞台中是否显示标尺、网格和辅助线等命令。

● "插入" 提供新建元件;在时间轴面板中新建图层、帧、创建补间动画和补间形状;时间轴的特效;添加新的场景等命令。

● "修改" 提供对文档、场景、图层、帧、元件等属性的设置;舞台中对象的位置及元件群组状态的修改等命令。

● "文本" 提供文字字体、字号、样式、间距、颜色和对齐方式设置,以及拼写检查等命令。

● "命令" 可由用户自定义代码,并且作用于当前动画。通过该菜单中的命令可以使在创建动画过程中的很多重复工作自动完成,从而提高工作效率。

● "控制" 提供动画播放控制方式,影片、场景、项目的测试和调试简单交互动画的命令。

● "调试" 提供用于调试影片的各种命令。

● "窗口" 提供控制操作界面中各种面板的显示,以及文档窗口的排列形式等命令。

● "帮助" 提供 Flash 在线帮助、管理扩展功能和注册等命令。

3. 时间轴面板

时间轴面板是 Flash CS3 操作界面中非常重要的部分,它用于组织和控制影片在一定时间内播放的图层数和帧数,是进行动画创作和编辑的主要工具。按照功能不同可以将时间轴面板一分为二:左侧图层控制区与右侧帧控制区,如图 3-3 所示。

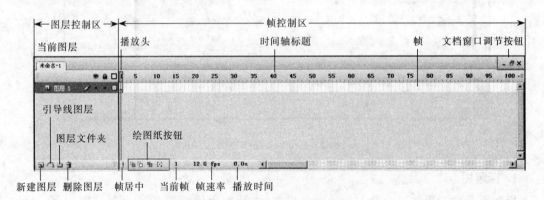

图 3-3 时间轴面板

1)图层控制区

图层控制区显示当前使用的各个图层,以及多个图层的叠放情况。图层上方和下方的按钮是用于调整图层状态、创建新图层和删除图层等。

2)帧控制区

帧控制区中最左侧的播放头是显示舞台画面的指针,它指示正在编辑的帧的位置,拖动它可以逐帧浏览动画。帧控制区中上方的时间轴标题指示了帧的编号,显示帧的顺序。帧控制区中下方的时间轴状态栏中"当前帧"显示舞台上当前显示帧的编号。"帧速率"显示当前影片的播放速率,单位是帧/秒(fps),默认值是 12.0fps,即 1 秒钟播放 12 个帧,双击它可以修改帧速率的值。"播放时间"显示第 1 帧与当前帧之间的时间间隔,该数字是动态变化的。"帧居中"按钮的作用是将播放头指示的当前帧在时间轴上居中显示,这样在帧数很多的时候能方便地编辑当前帧。"绘图纸按钮"是一组方便用户同时浏览多个帧并对它们进行编辑的按钮,这种方式称做洋葱皮技术,方便用户在绘制当前帧时不时地查看前后帧的内容。

　想一想

帧速率的值越大帧播放的速度越快吗? 为什么帧速率的默认值是 12.0fps?

4. 工具箱

工具箱中有用于创建、编辑矢量图的一套完整的专用工具。它包括选择工具栏、绘图工具栏、着色工具栏、查看工具栏、选项工具栏 5 个部分。

(1)选择工具栏　包括选择工具、部分选取工具、任意变形工具和套索工具,如图 3-4 所示,用于缩放和选取对象等的操作。

(2)绘图工具栏　包括钢笔工具、线条工具、铅笔工具、文字工具、矩形工具和刷子工具,如图 3-5 所示,用于绘制各种线型、矩形、椭圆形、多边形和矢量色块等操作。

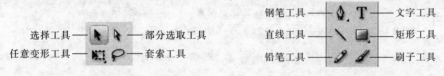

图 3-4　选择工具栏　　　　　　　图 3-5　绘图工具栏

(3)着色工具栏　包括墨水瓶工具、吸管工具、颜料桶工具、橡皮擦工具,如图 3-6 所示,用于编辑线条属性、编辑填充区域的颜色、取颜色、擦除颜色等操作。

(4)查看工具栏　包括手形工具和缩放工具,如图 3-7 所示,用于查看舞台上较大的对象和缩放舞台上的对象等操作。

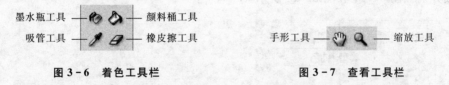

图 3-6　着色工具栏　　　　　　　图 3-7　查看工具栏

(5)选项工具栏　包括笔触颜色、填充颜色、黑白、交换颜色、在使用选取工具时显示贴近至对象和平滑、伸平等工具,如图 3-8 所示。若选择其他工具则显示对应的内容,这部分工具是变化显示的,主要用于设置线条颜色、图形颜色以及对应所选中工具的相应选项。

5. 舞台和工作区

舞台指 Flash 操作界面中间的白色区域,它是编辑和显示动画的区域。舞台四周的灰色区域是工作区,如图 3-9 所示。可以在工作区和舞台上绘制图形或者导入图形文件进行编辑,但是动画播放时只能显示舞台区域的内容,舞台区域外的内容看不到。

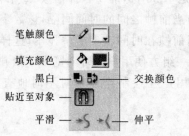

图 3-8　选项工具栏

图 3-9　舞台和工作区

舞台中可以放置矢量插图、文本框、按钮、导入的位图图形或视频剪辑等。工作时,可以根据需要改变舞台的属性和形式,即打开【文档属性】面板进行设置。舞台的默认尺寸是 550 像素×400 像素,背景为白色。

6.【属性】面板

选择某个对象进行操作时,在操作界面的下方就会显示相应的【属性】面板。【属性】面板的内容是变化的,当新建一个文档时,会显示文档的【属性】面板,如图 3-10 所示。【滤镜】面板和【参数】面板与【属性】面板整合在一起显示。

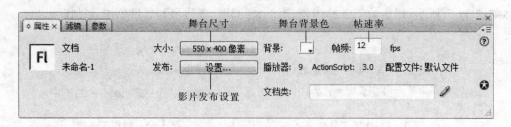

图 3-10　文档的【属性】面板

7. 浮动面板

浮动面板是一组可以通过【窗口】菜单下相应命令打开和关闭的面板,也可以在操作界面中方便地移动位置。浮动面板包含库、颜色、对齐、变形等操作功能。【颜色】面板和【对齐】面板分别如图 3-11 和图 3-12 所示。

图 3-11　【颜色】面板

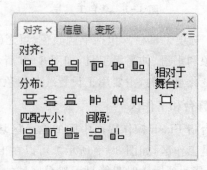

图 3-12　【对齐】面板

想一想

如何定制自己需要的面板？怎么样安排面板的位置？

 知识·小·百科

- 图层　Flash 中的图层与一般绘图软件中的图层概念相同。在 Photoshop 中的"图层"概念用了一个比喻来形容：在一张张透明的玻璃纸上作画，透过上面的玻璃纸可以看见下面纸上的内容，但是无论在上一层上如何涂画都不会影响到下面的玻璃纸，只是上面一层会遮挡住下面一层上的图像。最后将玻璃纸叠加起来，通过移动各层玻璃纸的相对位置或者添加更多的玻璃纸即可改变最后的合成效果。
- 帧　代表影片动画中某一个时刻的画面，时间轴上的每个小方格表示一个帧。帧分为普通帧、空白帧、关键帧和空白关键帧等。

项目小结

Flash 是一款优秀的交互性动画制作软件，熟悉它的操作界面中的菜单、工具箱、时间轴面板、浮动面板和属性面板等各部分功能和使用方法是用好它的基础。

项目 2　利用模板制作简单动画

项目描述

在对 Flash 的基本操作环境初步了解后，小张跃跃欲试，想自己动手做个简单动画试试。但是他不知道从哪里开始着手。

项目分析

像小张这样的初学者，可以从利用 Flash 中提供的模板制作简单动画入手，先用模板新建 Flash 文件、导入素材，然后测试影片和保存文件。因此，本项目可分解为以下任务：

任务 1　用模板新建 Flash 文件。

任务 2　利用"照片幻灯片放映"模板制作"美丽的四季"动画片。

项目目标

- 了解用模板新建 Flash 文件的方法。
- 掌握导入素材到库、测试影片和保存文件的方法。

任务 1　用模板新建 Flash 文件

从欢迎界面中选择"从模板创建"，或者执行【文件】→【新建】命令，在弹出的"新建文档"对话框中选择"模板"选项卡，如图 3-13 所示。

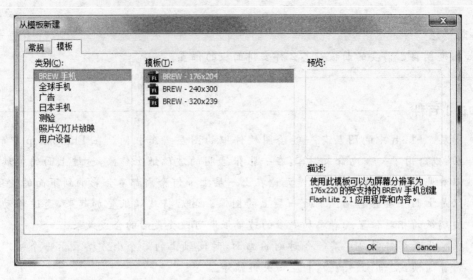

图 3 - 13 【从模板新建】对话框

从图中可以看到模板主要有:

1)移动设备类模板

包括 BREW 手机、全球手机、日本手机等移动设备。这些模板是专门面对移动设备开发的,其中包含各种品牌和型号的手机和掌上电脑模板,可以创建 Flash Lite 应用程序和内容。

2)广告类模板

此模板栏提供了被当今业界接受的标准 Flash 广告类型和大小,确保为客户制作最佳互联网广告。如图 3 - 14 所示。

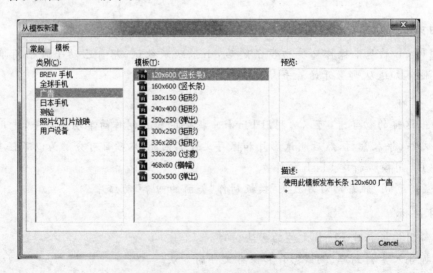

图 3 - 14 【广告】类模板

3)测验类模板

此类模板主要有 3 种风格,使用这些模板可以创建在线测验的效果,通过反馈、得分和跟踪选项予以完成。如图 3 - 15 所示。

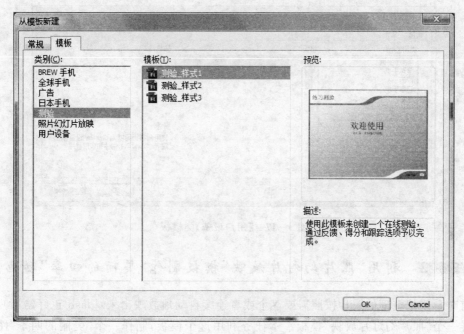

图 3 - 15 【测验】类模板

4）照片幻灯片放映类模板

使用此模板创建自己的自定义照片集，只需添加自己的图像和文本，其他工作留给模板来完成。如图 3 - 16 所示。

图 3 - 16 【照片幻灯片放映】类模板

5）用户设备类模板

使用此模板可以为 Chumby 设备创建 Flash Lite 2.1 构件和应用程序。如图 3 - 17 所示。

Flash CS3 动画制作项目实训教程

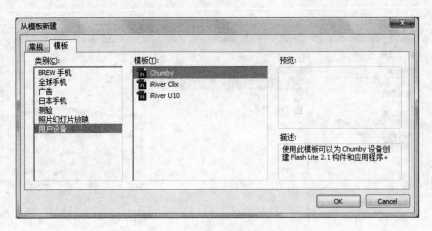

图 3-17 【用户设备】类模板

任务 2 利用"照片幻灯片放映"模板制作"美丽的四季"动画片

有时希望把整理的照片按照需要逐个或者连续自动地放映出来,Flash 正好给用户提供了这样一个"照片幻灯片放映"模板。本任务利用这个模板,制作一个"美丽的四季"图片展示动画,从而感受用 Flash 制作动画的乐趣和使用模板制作动画的快捷。

操作步骤

① 新建照片幻灯片放映文件:执行【文件】→【新建】命令,在弹出的【新建】对话框中选择【模板】选项卡,从模板新建。单击【照片幻灯片放映】选项,然后单击【确定】按钮,新建一个照片幻灯片放映文件,如图 3-18 所示。

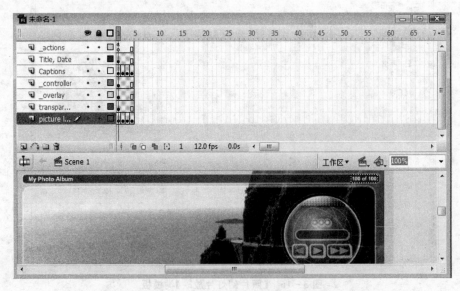

图 3-18 新建"照片幻灯片放映"文件

② 导入素材到库,将素材拖曳到舞台:执行【文件】→【导入】→【导入到库】命令,打开【导入到库】对话框。按住【Ctrl】键依次选择"春天.jpg"、"夏天.jpg"、"秋天.jpg"、"冬天.jpg"4

38

张图片,单击【打开】按钮,完成导入素材到库操作,如图 3 – 19 所示。

图 3 – 19 素材导入库中

图 3 – 20 选中"picture layer"图层第 1 帧

③在时间轴面板上,选中"picture layer"图层第 1 帧,如图 3 – 20 所示,按下【Delete】键删除图片。

④执行【窗口】→【库】命令,打开【库】面板,拖曳"春天.jpg"图片到舞台上,设置选区的 X、Y 轴的位置为 0,如图 3 – 21 所示。

图 3 – 21 设置选区的 X、Y 轴的位置

⑤同样依次选中"picture layer"图层第 2、第 3、第 4 帧,按下【Delete】键删除图片,依次将"夏天.jpg"、"秋天.jpg"、"冬天.jpg"图片拖曳到舞台上,完成效果如图 3 – 22 所示。

图 3 – 22 完成效果

⑥输入文本：单击【Title,Date】图层第 1 帧，选择【文本工具】 **T** ，选中"My Photo Albumn"文本，如图 3-23 所示，输入"美丽的四季"，结果如图 3-24 所示。

图 3-23　选中文本　　　　　　　　　　图 3-24　输入文本

⑦选中文本，在【属性】面板上设置字体为黑体、字号 12、加粗，如图 3-25 所示。

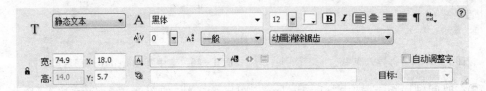

图 3-25　设置文本属性

⑧单击"Captions"图层第 1 帧，选择【文本工具】 **T** ，选中"The elegant seashore"文本，如图 3-26 所示，输入"春意融融"文本，如图 3-27 所示。选中文本，在【属性】面板上设置文字为黑体、字号 12、加粗。

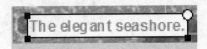

图 3-26　选中文本　　　　　　　　　　图 3-27　输入文本

⑨同样，依次选中"Captions"图层第 2、第 3、第 4 帧，选择【文本工具】，分别输入"清香夏日""多彩秋日""银装冬日"，在【属性】面板上设置字体为黑体、字号 12、加粗。

⑩测试影片：发布影片。执行【控制】→【测试影片】命令，播放制作好的"美丽的四季"动画，效果如图 3-28 所示。

图 3-28　测试影片效果

⑪执行【文件】→【导出】→【导出影片】命令，弹出【导出影片】对话框。选择导出影片要存储的路径、保存类型为"Flash 影片（＊.swf）"，并输入文件名为"四季"，如图 3－29 所示。

图 3－29　【导出影片】对话框

⑫单击【保存】按钮，弹出【导出 Flash Player】对话框，设置 JPEG 品质为"100"，如图 3－30 所示。单击【确定】按钮，完成影片的导出。

⑬保存文件。执行【文件】→【保存】命令，弹出【另存为】对话框，选择文件的存储路径、保存类型为"Flash 8 文档（＊.fla）"，并输入文件名为"四季"，如图 3－31 所示。单击【保存】按钮，完成文件的保存。

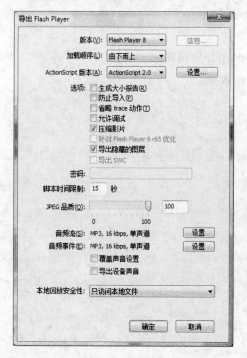

图 3－30　【导出 Flash Player】对话框

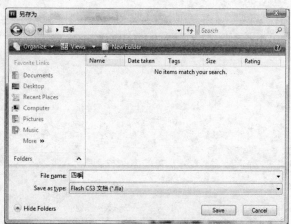

图 3－31　【另存为】对话框

想一想

使用 Flash 8 制作的动画文档用 Flash CS3 能够打开和编辑吗?

项目小结

　　新建 Flash 动画文件有两种形式:新建空白的动画文件和新建模板文件。除了以 SWF 格式发布 Flash 影片以外,还可以使用其他文件格式(如 GIF、JPEG、PNG 等格式)发布 Flash 影片。为了在 Web 浏览器中播放 Flash 影片,还可以发布为 HTML 文档。

单 元 小 结

本单元共完成 2 个项目,学完后应该有以下收获:

- 了解 Flash 的欢迎界面。
- 了解 Flash 操作界面的组成和各部分的基本功能。
- 了解舞台、图层、帧等术语的含义。
- 了解 Flash 模板文件的类型。
- 掌握 Flash 文件的新建、保存,影片的测试、发布等操作。
- 掌握利用模板制作动画的方法。

实 训 练 习

(1)启动 Flash CS3 新建一个文件并以"习作"为名保存。

(2)简述操作界面各部分的名称和功能。

(3)模仿"美丽的四季"实例,制作自己或者班级的图片动画展示。

(4)从网上下载 Flash 影片到本机播放,观察动画效果。

第4单元

绘制和编辑图形

本单元介绍在 Flash CS3 中如何绘制和编辑图形。通过实例学习 Flash 中常用绘图工具的应用,灵活掌握绘制"线条""椭圆""矩形"和"星形"等基本图形的方法;掌握"对齐""颜色""变形"等面板的使用;掌握对象的"选择""组合""复制"等操作,以及设置多种静态文字的方法。

本单元按以下 3 个项目进行:

项目 1　绘制可爱的"卡通小猪"。

项目 2　绘制"荷塘月色"。

项目 3　创建静态文字效果。

项目1　绘制可爱的"卡通小猪"

项目描述

在 Flash 作品中,经常会看到各种各样可爱的卡通小动物,在本项目中就来学习如何绘制一只可爱的卡通小猪。要求作品大小为 750mm×500mm,帧频为 12 帧,效果如图 4-1 所示。

图 4-1　"卡通小猪"效果

项目分析

该项目的完成首先需要使用【椭圆工具】绘制小猪的身体和鼻子,然后通过【线条工具】、【刷子工具】和【钢笔工具】绘出眼睛、耳朵等其他部位,再用【颜料桶工具】添加颜色,最后使用【文本工具】和【星形工具】添加背景装饰。因此,本项目可分解为以下任务:

任务1　绘制卡通小猪。

任务2　装饰背景。

项目目标

● 掌握基本图形的绘制和常用绘图工具的使用方法。

● 掌握如何添加颜色和对齐图形。

● 掌握对象组合的方法。

任务1　绘制卡通小猪

操作步骤

①新建一 Flash CS3 文件,选择【修改】→【文档】菜单命令,在弹出的【文档属性】对话框中将【尺寸】的宽设为 750 像素,高设为 500 像素,然后单击【确定】按钮,如图 4-2 所示。

②单击左侧绘图工具栏中的【矩形工具】▣,按键盘上的【O】键,将其转换为【椭圆工具】◯。

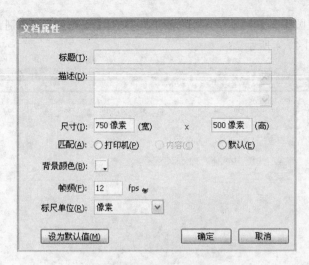

图 4-2　【文档属性】对话框

⏰ **贴心·提示**

在【椭圆工具】状态下按【O】键切换成【基本椭圆工具】🖤,按【R】键切换回【矩形工具】;在【矩形工具】状态下按【R】键切换成【基本矩形工具】🔲。

❸单击【椭圆工具】,在【属性】面板中将【填充颜色】设置为"♯FFCCCC",【笔触颜色】设置为"无",在工作区绘制一个椭圆作为小猪的头部,效果如图 4-3 所示。

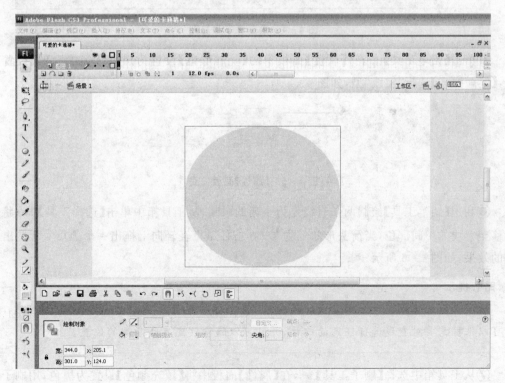

图 4-3　绘制小猪的头部

④再次使用【椭圆工具】绘制出小猪的鼻子和鼻孔，【填充颜色】分别设置为"♯FF9999"和"♯FF6666"，如图4-4所示。

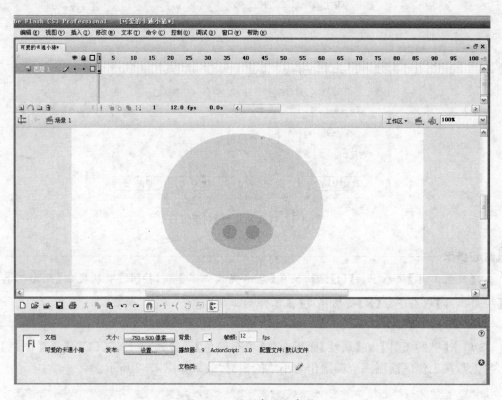

图4-4 绘制鼻子和鼻孔

⑤单击【铅笔工具】，将【属性】面板中的【笔触颜色】设置为黑色，【笔触高度】设置为10，【笔触样式】选择"实线"型，如图4-5所示。

图4-5 【属性】面板设置

⑥利用【铅笔工具】绘制两条直线作为小猪的眼睛；从工具箱中单击【选择工具】；将光标移至直线的中间部位，当箭头形状变为 时，按住鼠标轻轻向上拖出一个弧度，营造出微笑的效果，如图4-6所示。

🕐 **贴心·提示**
除了可以任意改变所绘制直线的弧度外，将光标移至直线两端时，箭头形状变为 ，这时可以根据需要对直线进行任意的缩放，并且可以随意改变直线两端的位置。

⑦从工具箱中选择【刷子工具】，在【属性】面板中将【填充颜色】设置为黑色，用刷子绘制出小猪右侧耳朵的形状，如图4-7所示。

图 4 - 6　绘制眼睛

图 4 - 7　绘制耳朵

❽选中绘制的"耳朵",单击鼠标右键,从弹出的快捷菜单中选择【复制】选项,再次单击右键选择【粘贴】选项,复制"耳朵"图形;选择【修改】→【变形】→【水平翻转】菜单命令,将水平翻转后的图形移至头部左侧的相应位置,如图4-8所示。

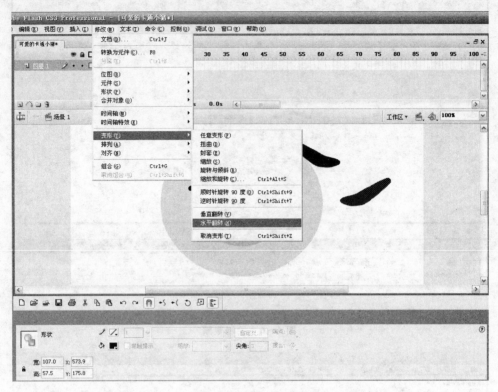

图4-8 复制并翻转图形

❾再次单击【刷子工具】,从工具栏底部选择【刷子大小工具】 ,用鼠标按住图标轻轻拖动,在弹出的下拉菜单中选择刷子大小;并用相同方法从【刷子模式工具】 中选择"内部绘画"选项,如图4-9所示。再将【填充色】设置为"FF6699",设置好后用刷子绘制出小猪的嘴,如图4-10所示。

图4-9 设置【刷子工具】   图4-10 绘制嘴巴

⏰ **贴心·提示**

选择【刷子模式工具】中的"内部绘画"选项可避免在图形中使用刷子时对其他的图形产生影响。

⑩单击工具箱中的【钢笔工具】，将【笔触色】设置为"FF9999"，通过锚点绘制出小猪腿部的轮廓线，在轮廓线内部填充相同的颜色，如图 4－11 所示。

图 4－11　绘制腿部轮廓

⑪将所绘制的图形移至适当位置，选择【修改】→【形状】→【平滑】菜单命令，使其外部边缘变得平滑，如图 4－12 所示；再按第 8 步中所列出的方法将其进行复制、翻转，绘制出小猪的另外一条腿，如图 4－13 所示。

⑫单击工具箱中的【线条工具】，【笔触颜色】设置为黑色，在腿的底部绘出蹄的边缘线，如图 4－14 所示。

⑬单击【颜料桶工具】，将【填充色】设置为黑色，填充蹄部颜色；用相同的方法绘制出另一只蹄。这样一只可爱的卡通小猪就绘制完成了，效果如图 4－15 所示。

图 4 - 12　平滑腿部边缘轮廓

图 4 - 13　完整腿部效果

图 4 - 14　绘制蹄子

图 4 - 15　完成卡通小猪绘制

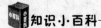知识·小·百科

1. 矩形工具

利用【矩形工具】可以绘制直角矩形和圆角矩形。

选择【矩形工具】,当【属性】面板中的【矩形边角半径】的值为 0 时绘出的图形为直角矩形;当值大于 0 时绘制出的图形为圆角矩形,且值越大,圆角的弧度也越大,如图 4 - 16 所示;当值小于 0 时,圆角内陷,同样值越大内陷圆角的弧度也越大,如图 4 - 17 所示。

图 4 - 16   边角半径大于 0 时的圆角矩形

图 4 - 17   边角半径小于 0 时的圆角矩形

2. 椭圆工具

利用【椭圆工具】可以绘制圆、椭圆及扇形。

通过设置【属性】面板中的【起始角度】和【结束角度】可以得到相应的扇形。例如将【起始角度】设为 90,【结束角度】设为 180,可以绘制如图 4 - 18 所示的扇形。

图 4 - 18   绘制扇形

3. 颜料桶工具

【颜料桶工具】用于为绘制的图形添加颜色,但是所绘图形必须为闭合区域才能添加。在如图 4 - 19 所示的两个用【钢笔工具】绘制的多边形中,前者可以用【颜料桶工具】添加颜色,而后者由于没有闭合添加不上任何颜色。

4. 刷子工具

【刷子工具】可用来随意地绘制色块,它包含 5 种模式,9 种形状,如图 4 - 20 所示。

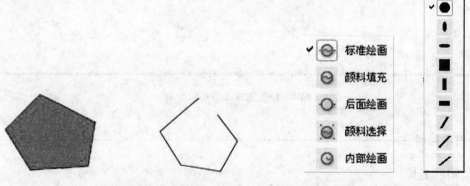

图 4 - 19   闭合区域可添加颜色   **图 4 - 20   刷子的模式和形状**

在空白区域使用刷子时 5 种模式没有区别,但对图形内部着色时选择不同模式会有不同的效果。

● "标准绘画"　刷子所过之处将会覆盖同一图层中的所有线条和填充色。

● "颜料填充"　只覆盖图形填充色的内容,而保留轮廓线及其他线条不被覆盖。

● "后面绘画"　只对图形后面的空白区域着色,对线条、轮廓线及封闭的图形等前景图像保留原状态不变。

● "颜料选择"　要先用选择工具选定一块区域,再使用刷子工具,否则刷子使用无效。

● "内部绘画"　在刷子起始点所处区域的内部有效,不会影响到线条和线条以外的部分。

如果刷子起始位置位于空白区域,则现有的线条和图形区域将不会受到影响。

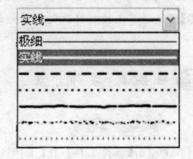

5. 线条工具

用【线条工具】可以轻松绘制直线和曲线,线条的颜色、粗细和形状都可以在【属性】面板中设置。其中包含有多种【笔触样式】,如图 4-21 所示。

如果这些线形还不能满足我们的需要,可以单击【属性】面板中的【自定义】从【笔触样式】对话框中选择,如图4-22 所示。

图 4-21　线条的"笔触样式"

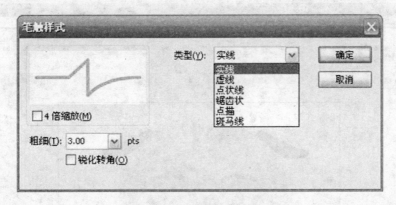

图 4-22　【笔触样式】对话框

当所绘制的线条穿过其他线条或图形时,它会把其他的线条或图形切割成不同的部分。同时,线条本身也会被其他线条和图形分成若干部分,如图 4-23 所示。

图 4-23　相交的线条相互切割

6. 钢笔工具

【钢笔工具】是 Flash 中较特殊的绘图工具,它除了具有自身的绘图功能外,还可以通过增加或删减节点来改变其他图形的形状。【钢笔工具】组中包含 4 个选项,如图 4－24 所示。

其中选择【钢笔工具】可用锚点的方法绘制图形;选择【添加锚点工具】可为所绘制的图形添加节点;选择【删除锚点工具】可删除所绘制的图形中的节点;选择【转换锚点工具】可通过节点控制杆改变节点处的形状。

图 4－24 【钢笔工具】组

任务 2 装饰背景

操 作 步 骤

①单击【选择工具】,在【工作区】拖出一个矩形框框住整个图画,这样就选中了图画中的所有对象。被选中后的对象成阴影状,如图 4－25 所示。

图 4－25 选中多个对象

②执行【修改】→【组合】命令,组合多个对象使其成为一体,如图 4－26 所示。

图 4-26 组合多个对象

③在右侧的【对齐】面板中单击【相对于舞台】按钮,再从【对齐】选项中选择【水平中齐】,如图 4-27 所示,这样整幅图画就在水平方向上处于舞台的中间位置了。

④单击工作区,在【属性】面板中将【背景颜色】设置为"♯FFCC33",为图画添加背景颜色,如图 4-28 所示。

⑤用鼠标按住【矩形工具】轻轻拖动,在弹出的下拉菜单中选择【多角星形工具】;将【属性】面板中的【填充颜色】设置为"♯CC0000"、无笔触,如图 4-29 所示。

⑥单击【选项】按钮,打开【工具设置】对话框进行参数设置,如图 4-30 所示。设置好后单击【确定】按钮。

⑦在工作区左上方绘制一个四角星形,并将其复制到右上方,如图 4-31 所示。

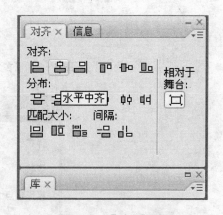

图 4-27 【对齐】面板

图 4 - 28　添加背景颜色

图 4 - 29　【多角星形工具】的【属性】面板

图 4 - 30　【工具设置】对话框

图 4 - 31　绘制两个星形

⏰**贴心·提示**

　　【工具设置】对话框中【星形顶点大小】数值设置越大,则角度张开得越大,相反数值设置越小,角度张开得也越小。

　　⑧单击工具箱中的【文本工具】**T**,将【属性】面板中的【字体】设置为"华文行楷",【字号】为"100",黑色、加粗,并在左侧星上拖出一文本框,如图 4 - 32 所示。

　　⑨在文本框中输入"福"字,利用↑、↓、←、→键将其调整至星形的中心位置。用相同的方法在右侧星中输入"财"字。

　　⑩执行【控制】→【测试影片】命令测试文件,效果如图 4 - 33 所示。保存该文件。

知识·小·百科

1. 组合对象

　　在绘图过程中,当所有的图形都绘制完成后,虽然看到的是一幅完整的图画,但图画中的各个部分都是相互独立的对象。例如,在任务 1 中绘制出了一头完整的小猪,但它的鼻子、眼睛、耳朵等部位都是相互独立且分离的。为了避免在后续的制作过程中对某些对象造成移位、变型等不慎操作,需要通过执行【修改】→【组合】命令,将这些已绘制好的并且在后续操作中无需再更改变动的对象进行组合。

图 4-32 拖出文本框

图 4-33 测试效果

2.【对齐】面板

该面板用于设置图形与舞台之间、图形与图形之间的位置关系。执行【窗口】→【对齐】菜单命令可调出【对齐】面板,并显示在右侧面板组中。如在设置之前单击面板右侧中的"相对于舞台"按钮,则设置的是图形相对于舞台的位置关系。

各对齐选项的效果如图 4 - 34 所示。

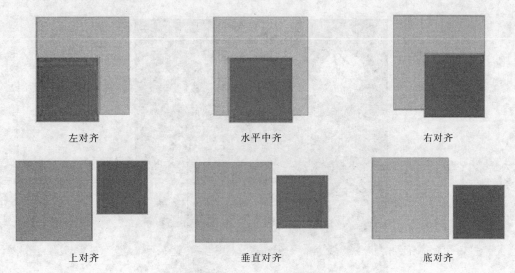

左对齐　　　　　　　水平中齐　　　　　　　右对齐

上对齐　　　　　　　垂直对齐　　　　　　　底对齐

图 4 - 34　各【对齐选项】效果

在使用【分布】选项中各项设置之前需要先单击【相对于舞台】按钮。

【匹配大小】选项中的【匹配宽度】按钮可使被选中的多个对象具有相同宽度;【匹配高度】按钮可使被选中的多个对象具有相同高度;在使用【匹配宽和高】之前单击【相对于舞台】按钮可使被选择的对象与舞台大小匹配。

【间隔】选项中的【垂直平均间隔】按钮可使所选中的多个对象间在垂直方向上具有相同间隔;【水平平均间隔】按钮可使选中的多个对象间在水平方向上具有相同间隔。

3. 多角星形工具

【多角星形工具】是对【矩形工具】的扩充,可以通过【属性】面板中的【选项】按钮进行设置,其中包含"多边形"和"星形"两种样式,可以通过设置【边数】来确定"多边形"和"星形"的形状。【星形顶点大小】决定顶点开口大小,其值最大为 1。

项目小结

　　利用【铅笔工具】、【钢笔工具】、【线条工具】和【刷子工具】可以绘制出所需的各种图形和图画。使用【刷子工具】和【矩形工具】绘制的图形在填充颜色时,使用的是【颜料桶工具】,而使用【铅笔工具】、【钢笔工具】和【线条工具】绘制的图形在填充颜色时,使用的是【笔触颜色】。

项目 2　绘制"荷塘月色"

项目描述

场景是 Flash 动画中必不可少的重要元素,在本项目中将学习绘制静态场景。要求作品大小为 650 像素×700 像素,帧频为 12 帧,效果如图 4-35 所示。

图 4-35 "荷塘月色"效果

项目分析

本项目由 4 部分组成,首先利用【渐变填充色】和【任意变形工具】制作出背景;然后利用
【椭圆工具】和【渐变填充色】绘制月亮;再次利用【钢笔工具】、【部分选取工具】、【滴管工具】、
【刷子工具】等绘制出荷叶;最后利用【钢笔工具】、【变形工具】、【橡皮擦工具】等绘制出荷花、
莲蓬及柳枝。因此,本项目可分解为以下任务:

任务 1 绘制背景和月亮。

任务 2 绘制荷叶。

任务 3 绘制荷花、莲蓬及柳枝。

项目目标

● 掌握对象的复制操作。

● 掌握【选择工具】、【橡皮工具】、【滴管工具】的使用方法。

● 掌握图形对象的变形操作。

任务1 绘制背景和月亮

操作步骤

①新建一 Flash 文件,将背景大小设置为 650 像素×700 像素。

②执行【插入】→【时间轴】→【图层】命令新建 3 个图层;双击图层名称,从上到下分别将
图层命名为"背景"、"月亮"、"荷叶"和"荷花",如图 4-36 所示。

③利用【矩形工具】任意画一矩形。

④将【颜色】面板中的【笔触颜色】设置为"禁止";单击【类型】后的下拉三角选择"线性"选

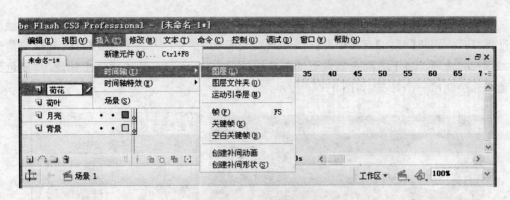

图 4-36 新建及命名图层

项,再将下方混色器左侧的颜色指针设为"白色",右侧的颜色指针设为"湖蓝色",利用【颜料桶工具】填充到矩形中,效果如图 4-37 所示。

⑤单击【任意变形工具】,按【F】键将其变为【渐变变形工具】,按住旋转手柄将矩形顺时针旋转 90°,使蓝色在上白色在下,如图 4-38 所示。

⑥单击【对齐】面板中的【相对于舞台】按钮,再单击【匹配宽和高】按钮,使其与舞台大小匹配,如图 4-39 所示。调整矩形

图 4-37 设置渐变填充色

和中心定位点的位置,使其下方留出一些空白,营造出蓝天的渐变效果。

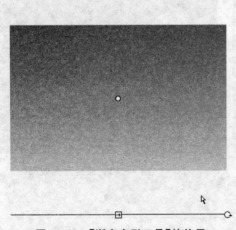

图 4-38 【渐变变形工具】的使用

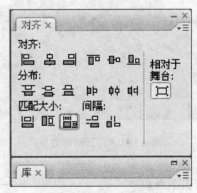

图 4-39 【对齐】面板

⑦单击【背景】图层的锁定按钮,将其锁定。

🕐 贴心提示

对于已经设置好、无需再编辑的图层可以将其锁定。被锁定的图层处于不可编辑状态,以免在后续操作中不慎将其改变。锁定后如需编辑可再单击上面的锁形按钮将其解锁。

⑧选中【月亮】图层，单击【椭圆工具】，在【属性】面板中将笔触颜色设为"白色"，笔触高度设为"16"。再将【颜色】面板中的【笔触颜色】设置为"禁止"，单击【类型】后的下拉三角选择"放射性"选项。将下方混色器左侧的颜色指针设为"白色"，右侧的颜色指针设为"灰色"，拖动鼠标绘制出一个月亮，如图4-40所示。

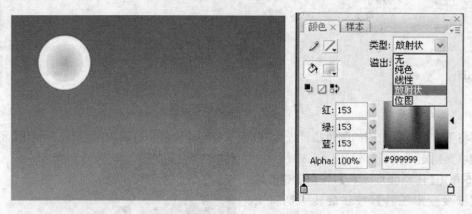

图4-40 绘制月亮及【颜色】面板

⑨执行【修改】→【形状】→【柔化填充边缘】命令，在弹出的对话框中设距离值为"8"，使月亮边缘平滑过渡。

⑩选择【渐变变形工具】，调整手柄及中心点位置，如图4-41所示，制作出月亮的阴影效果。最终制作出的月亮效果如图4-42所示。

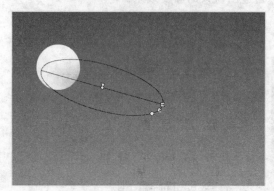

图4-41 月亮阴影效果　　　　　　　　　图4-42 最终月亮效果

知识小·百科

1. 任意变形工具

使用任意变形工具可以对图形实现图4-43所示变形操作。

2. 渐变变形工具

渐变变形工具主要用于对图形中填充的渐变色进行设置，如果【颜色】面板中的类型为"纯色"，则该工具没有作用。

如果【颜色】面板中的类型为"线性"，使用该工具可以更改渐变的中心点；也可以旋转改

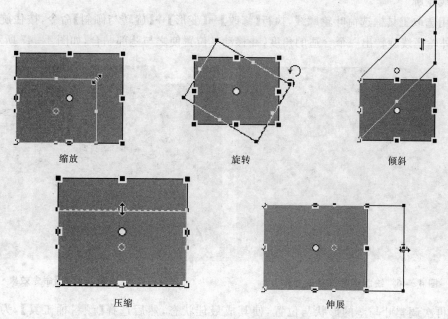

图 4-43 任意变形工具的功能

变渐变的方向;还可以调整渐变的宽。如图 4-44 所示。

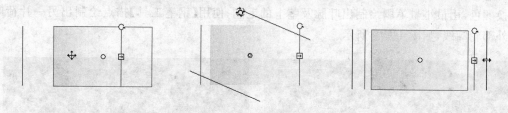

图 4-44 渐变变形工具在【线性】类型下的作用

如果【颜色】面板中的类型为"放射性",使用该工具除了上述功能外还可以改变放射状渐变的焦点。焦点手柄的变换图标是一个倒三角形。也可以调整渐变的大小,大小手柄的变换图标是内部有一个箭头的圆,如图 4-45 所示。

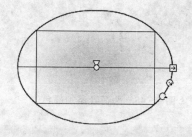

图 4-45 渐变变形工具在【放射性】类型下的作用

任务 2 绘制荷叶

操作步骤

①单击"荷叶"图层,选择【钢笔工具】,将笔触颜色设为深绿色,笔触高度设为 5。通过描点绘制出茎的形状,再将笔触高度改为 1 描点,绘制出荷叶的外轮廓线,如图 4-46 所示。

②选择【部分选取工具】,单击边缘线上需要修改位置处的点,通过移动点的位置来修

Flash CS3 动画制作项目实训教程

改边缘线轮廓。

❸用选取工具框选荷叶轮廓线，执行【修改】→【变形】→【旋转与倾斜】命令，按住旋转按钮将荷叶外轮廓线旋转出一个合适的角度，并移动其位置使之与茎部贴合，如图 4－47 所示。

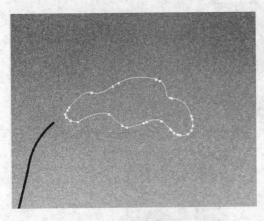

图 4－46　绘制荷叶及茎的外形　　　　图 4－47　【旋转与倾斜】命令效果

❹再次调整叶与茎的形状与位置，使其成最佳状态，然后选择【颜料桶工具】，为荷叶添加颜色，如图 4－48 所示。

❺选择【刷子工具】，选取浅一点的绿色用最大号笔刷刷出荷叶内部受光面的颜色；再次变换颜色，用最小号笔刷绘制出叶脉及茎上的毛刺；使用【钢笔工具】描点绘制出另一片荷叶的外部轮廓线，如图 4－49 所示。

图 4－48　为荷叶添加颜色

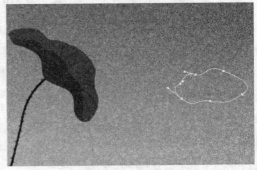

图 4－49　细化荷叶效果

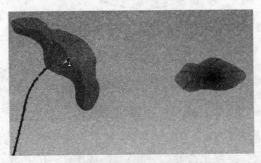

图 4－50　渐变填充后的荷叶效果

❻在【颜色】面板中将"类型"设为"放射状"，用【滴管工具】吸取荷叶背光处较深的颜色，填充到新绘制的荷叶内部，并用【渐变变形工具】调整渐变效果；用【刷子工具】绘制出叶脉，如图 4－50 所示。

❼用刷子绘制出茎部，再用【选择工具】分别选中两片叶子及茎部，执行【修改】→【组合】命令依次进行组合，如图 4－51 所示。至

此荷叶部分绘制完成。

图 4-51　组合命令

⏰ **贴心·提示**

　　如果从色板中不能一下辨认出原先使用的是哪种颜色,可以利用【滴管工具】🖋快速提取颜色。

📖 **知识·小百科**

　　滴管工具主要用于提取工作区中已经存在的颜色及样式属性,并将其应用于其他对象中。
　　使用方法:先将滴管工具移至需要取色的线条或图形上单击鼠标,即可在【属性】面板中显示该对象的属性。然后选中要填充的对象,单击【滴管工具】,将滴管移至填充对象处单击即可完成。

🔗 **任务3　绘制荷花、莲蓬及柳枝**

操作步骤

　　① 单击"荷花"图层,用【钢笔工具】描点绘制出花瓣外部轮廓,再用【部分选取工具】修改节点位置,如图 4-52 所示。
　　② 在【颜色】面板中将"类型"设为"线性",从拾色器中选择"水红色"填充到花瓣内,并用【渐变变形工具】调整渐变中心点位置,制作出花瓣颜色的渐变效果,如图 4-53 所示。

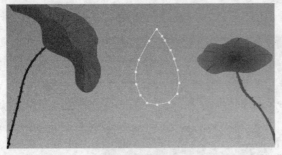

图 4 - 52　绘制花瓣外形

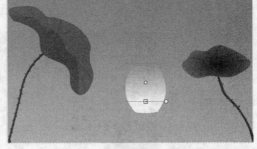

图 4 - 53　花瓣渐变色填充

❸选中花瓣，单击鼠标右键选择"复制"命令，再选择"粘贴"命令对花瓣进行复制，效果如图 4 - 54 所示。

❹用【任意变形工具】对其中的一些花瓣进行适当的变形，如图 4 - 55 所示。

图 4 - 54　复制花瓣

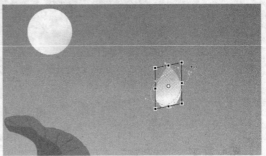

图 4 - 55　花瓣变形

❺对变形过的花瓣适当执行【修改】→【变形】→【水平翻转】命令制作出对称效果，如图 4 - 56 所示。

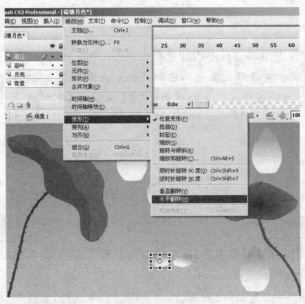

图 4 - 56　执行【水平翻转】命令

⑥对变形后的花瓣通过调整大小、旋转角度和移动等操作组合成花的效果,如图 4 - 57 所示。

⑦用相同的方法制作出花蕾,并用【刷子工具】绘制出荷花的花心部分。制作完后将荷花与花蕾分别进行组合,如图 4 - 58 所示。

图 4 - 57　荷花效果　　　　　　　　　　　图 4 - 58　制作花蕾和花心

⑧利用【椭圆工具】和【钢笔工具】绘制出莲蓬的外形,如图 4 - 59 所示。

⑨用【滴管工具】吸取荷叶颜色较深的部分为莲蓬添加颜色。可用小号【橡皮工具】 📝 做最后形状的修改,擦除掉多余部分,并适当调整莲蓬的大小,如图 4 - 60 所示。

图 4 - 59　绘制莲蓬外形　　　　　　　　　图 4 - 60　添加颜色后的莲蓬

⑩用【刷子工具】绘制出花蕾与莲蓬的茎部,并分别将其组合。

⑪通过复制、旋转、移位等操作将现有素材组合成一幅完整的画面,如图 4 - 61 所示。

⑫选择稍浅一点的绿色,用最小号刷子在上部较空旷的地方绘制出几条柳枝,最终效果如图 4 - 62 所示。

⑬测试影片,保存文件。

知识小·百科

1. 选择工具

【选择工具】可用来选择、移动或改变对象的形状。该工具有 4 种不同的光标图形,其含义是:

🔓表示可框选图形;✛表示可移动图形;🔧表示可改变线条的方向和长短;🔧表示可将直线变成曲线。

图 4-61　组合画面　　　　　　　　　　图 4-62　最终效果

2. 部分选取工具

【部分选取工具】用于选取图形上的节点，即以贝赛尔曲线的方式编辑对象的笔触。用【部分选取工具】选取节点后，如果按【Delete】键即可删除该节点，如果此时拖动鼠标即可改变图形的形状，常与【钢笔工具】配合使用。

3. 对象的复制

对象的复制主要采用执行【复制】和【粘贴】命令进行，也可按【Ctrl】键拖动对象进行复制。

4.【变形】面板

执行【窗口】→【变形】命令可以打开【变形】面板，如图 4-63 所示。

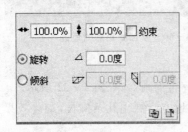

图 4-63　【变形】面板

【按比例缩放】　可设置宽度和高度的调节比例，左右箭头代表"宽"，上下箭头代表"高"。

【旋转角度调节】　可以通过设置旋转角度值进行调节。

【倾斜角度调节】　第一个是水平倾斜调节，第二个是垂直倾斜调节。

右下角的为【复制并应用变形】按钮和【重置取消变形】按钮。

5. 橡皮擦工具

主要用于擦除不需要的部分。选择【橡皮擦工具】后，在工作区的选项区将显示橡皮擦的选项：

擦除模式　单击【擦除模式】按钮，在弹出的菜单中有 5 个选项：标准擦除、擦除填色、擦除线条、擦除所选填充和内部擦除。

橡皮擦形状　决定橡皮擦的形状和大小。

水龙头　可冲洗掉图形中的填充颜色。

___

项目小结

　　【任意变形工具】、【渐变变形工具】以及【选择工具】都是 Flash 绘图过程中使用频率较高的工具,在动画制作过程中会经常用到,需要大家在使用过程中认真体会和掌握。

项目3　创建静态文字效果

项目描述

　　Flash 中的文字有静态文字和动态文字两种形式。静态文字是制作动态文字的基础,利用工具箱中的工具可以制作出多种静态文字效果。本项目将介绍填充字、镂空字和点线字等静态文字效果。作品大小为 750 像素×500 像素,帧频为 12 帧。效果如图 4-64 所示。

　　　填充字　　　　　　　　　　镂空字　　　　　　　　　　点线字

图 4-64　静态文字效果

项目分析

　　首先使用【文字工具】输入文字,然后通过"打散分离"操作将文字变为形状,最后再使用【墨水瓶工具】和【颜料桶工具】添加边缘线和内部颜色。因此,本项目可分解为以下任务:

　　任务1　创建文本及文本图形。

　　任务2　创建填充字、镂空字、点线字效果。

项目目标

- 掌握【文本工具】的使用方法。
- 掌握打散分离文字的方法。
- 掌握字体的边缘线和内部填充的方法。

任务1　创建文本及文本图形

操作步骤

　　①新建一宽为 750 像素,高为 500 像素的 Flash 文件;执行【文件】→【导入】→【导入到舞台】命令,选择一幅图片作为背景;在【对齐】面板中单击【匹配宽和高】按钮,使图片与舞台大小匹配,如图 4-65 所示。

　　②新建一图层,选择【文本工具】**T**,在【属性】面板中设置字体属性,如图 4-66 所示。

图 4-65　导入背景图片

图 4-66　设置文字属性

③在【图层 2】中用鼠标在工作区内拖出一文本框,输入文本"放飞梦想",并用【选择工具】调整文字位置,如图 4-67 所示。

图 4-67　输入文本

④执行【修改】→【分离】命令两次,将文字打散为图形,如图 4-68 所示。

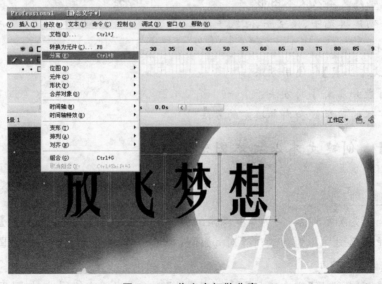

图 4-68　将文字打散分离

知识·小·百科

1. 文字工具与文本属性

在 Flash 设计中如需添加文字就使用【文本工具】。选择【文本工具】后,在舞台下方的【属性】面板中,既可以设定字体大小、字样、类型、间距、颜色等,还可以处理文字的排列、变形,包括旋转、缩放、倾斜、翻转等操作。

¶ 编辑格式选项按钮 单击该按钮可调出【格式选项】对话框,如图 4-69 所示。用于设置文本格式。

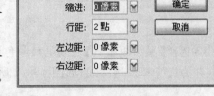

图 4-69 【格式选项】对话框

改变文本方向按钮 单击其下拉三角有"水平"、"垂直,从左向右"和"垂直,从右向左"3 种方向。

调整字符间距按钮 通过设置数值调整字母间的距离。

调整字符位置按钮 可设置上标与下标。

URL 链接按钮 可设置链接地址。

2. 打散文本、分离命令

【分离】命令旨在将文字打散后转变为图形,以便对其进行填充、变形、动画等设置。如果被分离的文本为单个对象,如单个的文字、数字、字母等则只需分离一次就能将文本转化为图形,如果要分离的为多个对象则需分离两次。第一次是将文本打散,第二次将文本转化为图形。

任务2 创建填充字、镂空字、点线字效果

操作步骤

①设置【颜色】面板的【类型】为"线性",在混色器中设置渐变颜色,笔触设为"禁止",并用【颜料桶工具】为文字添加颜色,如图 4-70 所示。

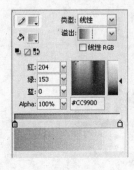 

图 4-70 【颜色】面板参数设置及填充渐变色

②利用【渐变变形工具】调整填充色的渐变方向,制作出字体的发光效果,如图 4-71 所示。

图 4-71 调整出发光效果

③选择【墨水瓶工具】,将【笔触颜色】设为红色,【笔触高度】设为 5,【笔触样式】选择"实线",并为文字添加边缘线,如图 4-72 所示。

图 4-72 添加边缘线

④用【选择工具】选中边缘线以内部分,并按【Delete】键删除,即制作出镂空文字的效果,如图 4-73 所示。

图 4-73 镂空文字

⑤如果在第 1 步中将【墨水瓶工具】属性面板中的【笔触样式】改为"点线状",则制作出的是点线字,如图 4-74 所示。

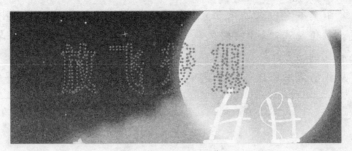

图 4 - 74　点线文字

贴心·提示

添加边缘线时要细细添加,每一部分都要添加上。在删除内部填充时如不好选中,可先用【缩放工具】 🔍 将文字放大后再选中删除。

知识·小·百科

1. 填充工具

【填充工具】 🎨 主要用于为对象添加填充色。

2. 墨水瓶工具

【墨水瓶工具】 🍶 主要用于对图形和被打散的文字添加边缘线,进行色彩和样式的设置。单击其【属性】面板中的【自定义】按钮,其【类型】中包含有 6 种样式,每种样式下都有不同的设置选项,这些样式决定了所添加边缘线的形状。

项目小结

Flash 具有强大的文字处理功能,利用【文本工具】可以在 Flash 影片中添加各种文字。一个完整而精彩的动画都或多或少地需要一定的文字来修饰。文字特效使用得合理,可以使动画更加绚丽多彩和富于变换。

知识拓展

【套索工具】主要用于选择位图中的不规则形状区域,常常在去除背景色时使用。它也是一种选择工具。

使用方法　同【钢笔工具】描点一样单击鼠标框出所需区域,终点处双击鼠标自动封闭图形。被选择后的区域可以作为一个单独的对象进行移动、旋转或变形。

当选择【套索工具】后,在工具箱下方【选项】中出现"魔术棒""魔术棒属性"和"多边形模式"3 种模式。

"多边形模式" ⮡　用于多边形区域选择。

"魔术棒工具" 🪄　用于对位图的处理。使用之前可先设置魔术棒属性:单击【魔术棒工具】按钮 🪄,在弹出的【魔术棒设置】对话框中设置以下选项:

● "阈值" 介于 1 和 200 之间的值,用于定义将相邻像素包含在所选区域内必须达到的颜色接近程度。数值越高,包含的颜色范围越广。如果输入 0,则只选择与单击的第一个像素的颜色完全相同的像素。

● "平滑" 从弹出菜单中选择一个选项,用于定义所选区域的边缘的平滑程度。

单 元 小 结

本单元共完成 3 个项目,学完后应该有以下收获:

● 掌握各种绘图工具的使用。
● 掌握各种填充工具和编辑工具的使用。
● 学会绘制图形和掌握编辑图形的方法。
● 掌握文字工具的使用方法。
● 掌握各种常用静态文字效果的制作方法。

实 训 练 习

(1)绘制如图 4-75 所示的"美味汉堡"。

(2)制作如图 4-76 所示的"梦幻花"图形。

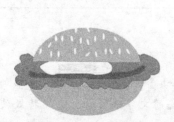 

图 4-75 "美味汉堡"   图 4-76 "梦幻花"

(3)制作如图 4-77 所示的"金属字"。

图 4-77 "金属字"

第5单元

第**5**单元

创建简单动画

本单元介绍使用 Flash 创建简单动画的方法。Flash 动画可以分为逐帧动画和插帧动画，插帧动画又可以分为运动补间动画和形状补间动画。通过具体动画制作实例的学习，掌握 3 种基本动画的制作要点，以及创建动画所用的元件和实例的方法。

本单元按以下 4 个项目进行：

项目 1　制作逐帧动画"水花"。

项目 2　制作运动补间动画"月全食"。

项目 3　制作形状补间动画"翻动的书页"。

项目 4　创建元件和实例。

项目1　制作逐帧动画"水花"

项目描述

一匹小马正在向前奔跑,忽然它看到前面有一条小河,急忙停住脚步时,碰巧把一块小石头踢入河中。石头落入水中溅起了层层水花。在这段动画中需要展现水花飞溅的情景。

项目分析

完成该项目首先要准备几张图片,表现石头落入水中后水花由小到大,再由大到小的变化过程,然后将这些画面连续地播放出来。逐帧动画就是在时间轴上通过每帧不同画面连续播放形成的动画效果。因此,本项目可分解为以下两个任务:

任务1　导入素材到库。

任务2　在时间轴上创建关键帧。

项目目标

● 掌握新建、保存和发布 Flash 文件的方法。

● 掌握素材导入到库的方法。

● 掌握帧的操作方法。

任务1　导入素材到库

操作步骤

①启动 Flash CS3 后,在欢迎界面中选择【新建 Flash 文件(ActionScript 3.0)】,新建一个 Flash 文档。在【文档】属性面板内设置文档的属性,大小为 550×400 像素,背景色为白色,帧频为 12fps,如图 5-1 所示。

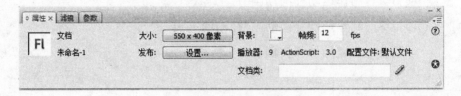

图 5-1　【文档】属性面板

②执行【文件】→【导入】命令,打开【导入到库】对话框;按住【Ctrl】键依次选择文件"水花1.png""水花2.png""水花3.png"……"水花9.png",单击【打开】按钮,完成导入素材到库操作,如图 5-2 所示。

贴心提示

导入素材文件如果连续排列在一起,可以单击第一个素材文件,然后按住【Shift】键单击最后一个素材文件,即可快速选中这些文件。

❸选中【图层 1】的第 1 帧,将库中"水花 1. png"文件拖动到舞台中间,如图 5-3 所示。

图 5-2　【库】面板　　　　　　　　图 5-3　将素材导入舞台

❹打开【对齐】面板,单击【相对于舞台】按钮,设置【对齐】为"水平居中",【分布】为"垂直居中",如图 5-4 所示。

知识·小·百科

1. 位图图像

位图图像也叫做栅格图像,它由像素组成,每个像素都被分配一个特定位置和颜色值。它采用位映射存储格式,除了图像深度可选以外,不采用其他任何压缩,因此,位图(BMP)文件所占用的空间很大。BMP 文件的图像深度可选 1 位、4 位、8 位及 24 位。

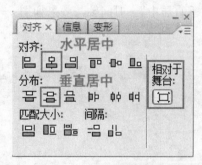

图 5-4　【对齐】面板

2. PNG 格式图像

PNG 是流式网络图形格式,是一种位图文件存储格式。PNG 用来存储灰度图像时,灰度图像的深度可多到 16 位;存储彩色图像时,彩色图像的深度可多到 48 位。

任务 2　在时间轴上创建关键帧

操作步骤

❶选中【图层 1】的第 3 帧,按【F6】键插入关键帧;按【Delete】键删除舞台中的图片,将库中"水花 2. png"文件拖动到舞台中间;打开【对齐】面板,单击【相对于舞台】按钮,设置【对齐】为"水平居中",【分布】为"垂直居中"。时间轴与效果如图 5-5 所示。

贴心·提示

插入关键帧有 3 种方法:(1)选中需要插入关键帧的帧格,按【F6】键插入一个关键帧。(2)选中需要插入关键帧的帧格,执行【插入】→【时间轴】→【关键帧】命令,插入一个关键帧。(3)选中需要插入关键帧的帧格,右击鼠标,在弹出的快捷菜单中选择【插入关键帧】命令,插入一个关键帧。

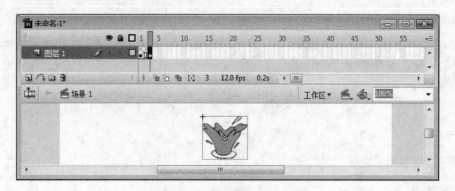

图 5-5　在第 3 帧插入关键帧

❷分别选中【图层 1】的第 5、第 7、第 9、第 11、第 13、第 15、第 17 帧，按【F6】键插入关键帧；按【Delete】键删除舞台中的图片，将库中"水花 3.png"……"水花 9.png"文件依次拖动到舞台中间；打开【对齐】面板，单击【相对于舞台】按钮，设置【对齐】为"水平居中"，【分布】为"垂直居中"。时间轴与效果如图 5-6 所示。

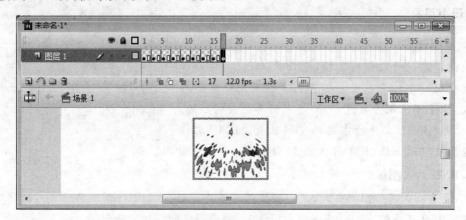

图 5-6　依次插入关键帧

❸选中【图层 1】的第 20 帧，按【F5】键插入普通帧，如图 5-7 所示。

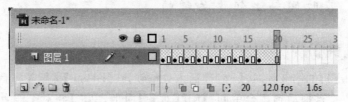

图 5-7　在第 20 帧处插入普通帧

⏰ **贴心·提示**

插入普通帧有 3 种方法：(1)选中需要插入普通帧的帧格，按【F5】键插入一个普通帧。(2)选中需要插入普通帧的帧格，执行【插入】→【时间轴】→【帧】命令，插入一个普通帧。(3)选中需要插入普通帧的帧格，右击鼠标，在弹出的快捷菜单中选择【插入帧】命令，插入一个普通帧。

④执行【控制】→【测试影片】命令测试动画影片,效果如图 5-8 所示。

⑤执行【文件】→【保存】命令,弹出【另存为】对话框;选择文件的存储路径;保存类型选择"Flash CS3 文档(＊.fla)";输入文件名"水花";单击【保存】按钮,完成文件的保存。

⑥执行【文件】→【导出】→【导出影片】命令,弹出【导出影片】对话框;选择导出影片的存储路径;保存类型选择"Flash 影片(＊.swf)";输入文件名"水花";单击【保存】按钮,弹出【导出 Flash Player】对话框;设置 JPEG 品质为 100,单击【确定】按钮,完成影片的导出。

图 5-8 测试影片效果

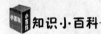知识·小·百科

1. 帧的类型

帧是动画中最小单位,即单幅影像画面,相当于电影胶片上的一格镜头。帧分为空白帧、关键帧、普通帧和空白关键帧等,如图 5-9 所示。

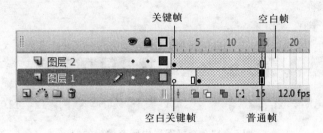

图 5-9 帧的类型

● 空白帧 用空白的矩形块表示,表示帧内是空的,没有任何对象。

● 关键帧 用带有实心的黑色小点的矩形块表示,表示帧内有对象,并且可以进行对象的编辑,包括改变对象的运动特征和形状特征。

● 普通帧 用带空心的矩形表示,它的内容与其前面的关键帧内容完全相同。

● 空白关键帧 用带有空心小圆圈的矩形块表示,表示它是没有内容的关键帧。一旦空白关键帧中建立了内容,则它就变成了关键帧。

2. 帧的操作

1)创建帧

创建帧可以通过按快捷键,使用菜单命令和使用快捷菜单 3 种方法创建。使用快捷键的方法最便捷,按【F5】键创建普通帧,按【F6】键创建关键帧,按【F7】键创建空白关键帧。

2)选择帧

(1)选择单帧。单击某个帧就可以选中它。

(2)选择连续的帧。可以先单击第一帧,然后按住【Shift】键单击最后一帧,就连续选中了这些帧;也可以在第一帧上按住鼠标左键,然后向最后一帧拖动,即可连续选中这些帧,如

图 5 - 10 所示。

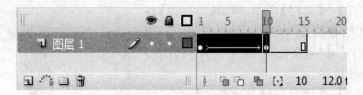

图 5 - 10　选择连续的帧

(3)选择不连续的帧。先选择第一帧,然后按住【Ctrl】键单击其他需要选择的帧,如图 5 - 11 所示。

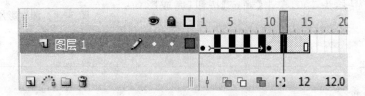

图 5 - 11　选择不连续的帧

(4)选择图层中所有编辑的帧。单击该图层,就可以选中该图层中所有编辑的帧,如图 5 - 12 所示。

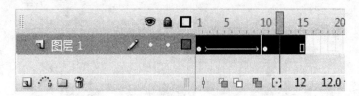

图 5 - 12　选择图层中所有编辑的帧

3)复制帧

选中要复制的帧,右击鼠标,在弹出的快捷菜单中选择【复制帧】命令,然后右击要粘贴的目标帧,在弹出的快捷菜单中选择【粘贴帧】命令即可。

4)删除帧

选中要删除的帧,右击鼠标,在弹出的快捷菜单中选择【删除帧】命令即可。

5)翻转帧

选中两个以上关键帧,右击鼠标,在弹出的快捷菜单中选择【翻转帧】命令即可。翻转帧可以使多个帧的播放顺序反向。

项目小结

逐帧动画是一种实现动画的基本方法,是通过插入一个个变化的画面实现动画的。即插入很多关键帧,然后连续播放形成的动画。制作逐帧动画需要掌握创建关键帧、普通帧的方法,以及熟悉选择帧、复制帧、删除帧等基本操作。

项目 2　制作运动补间动画"月全食"

项目描述

月全食是一种特殊的天文现象,当月球运行至地球的阴影部分时,在月球和地球之间的地区会因为太阳光被地球所遮闭,看到月球缺了一部分。月全食的全过程是月球刚接触地球本影,月食开始;然后月球逐渐进入地球本影内,直到月球的中心与地球本影的中心最近,这时为全食阶段;接着开始复圆,月球逐渐离开地球本影,直到全部离开月食结束。本项目使用 Flash 再现月全食的发生过程。

项目分析

完成该项目需要在夜空的背景下,绘制一个黄色、一个蓝色(与夜空同色)两个大小一样的月亮;然后利用动画,让蓝色的月亮从黄色月亮上慢慢划过,模拟展示月食发生过程。Flash 本身能够根据用户的需要自动运算,实现对象的移动、缩放、旋转、颜色渐变等方面的变化,这就是运动补间动画。本项目就介绍利用运动补间动画制作月全食过程,因此,本项目可分解为以下两个任务:

任务 1　制作夜晚背景、月亮图形。

任务 2　制作运动补间动画。

项目目标

- 掌握导入素材,绘制简单图形的方法。
- 掌握插入关键帧的方法。
- 掌握创建运动补间动画的方法。

任务 1　制作夜晚背景、月亮图形

操作步骤

①启动 Flash CS3 后,在欢迎界面选择【新建 Flash 文件(ActionScript 3.0)】,新建一个 Flash 文档;设置文档的属性,大小为 550×400 像素,背景色为白色,帧频为 12fps。

②执行【文件】→【导入】→【导入到库】命令,导入素材文件"星空.png",系统自动生成了相应的位图文件。

③选中【图层 1】的第 1 帧,将库中"星空.png"文件拖动到舞台中间;选择图像,设置图形的属性,参数设置如图 5-13 所示。

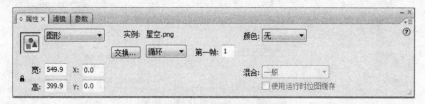

图 5-13　设置图形的属性

④单击【插入图层】按钮,插入【图层 2】;在【图层 2】的舞台中间绘制一个圆月亮,笔触颜色为"无",填充颜色为"♯FFFF00"(黄色),如图 5 - 14 所示。

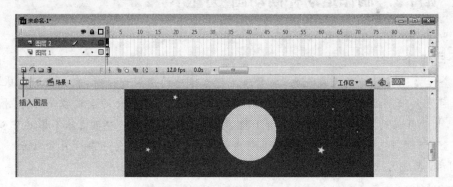

图 5 - 14　新建图层并绘制圆月

⑤设置图形属性,宽为 120,高为 120;设置图形对齐方式为"相对舞台",对齐为"水平居中",分布为"垂直居中",如图 5 - 15 所示。

图 5 - 15　设置图形属性和【对齐】面板

贴心·提示

单击【图层】面板底部的"插入图层"按钮,可以插入新图层;选择某个图层,右击,在弹出的快捷菜单中选择"插入图层",则在该图层上方插入一个新图层;还可以选择某个图层,选择菜单【插入】→【时间轴】→【图层】命令插入新图层。

⑥选中【图层 2】,执行【修改】→【形状】→【柔化填充边缘】命令,在打开的【柔化填充边缘】对话框中设置【距离】为"4 像素",【方向】为"扩展",单击【确定】按钮。如图 5 - 16 所示。这样使月光柔和。

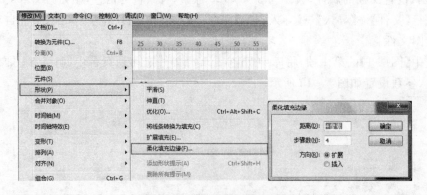

图 5 - 16　设置柔化填充边缘

⑦单击【插入图层】按钮,插入【图层 3】;在【图层 3】的舞台中间绘制一个圆月亮,笔触颜色为"无",填充颜色为"#000066"(蓝色,与背景色一致);设置图形属性,宽为 120,高为 120,并让蓝色月亮在左下方与黄色月亮小部分相切,显示月食开始;关闭【图层 1】的显示,效果如图 5-17 所示。

任务2 制作运动补间动画

操作步骤

图 5-17 月食发生的初始效果

①分别选中【图层 3】的第 38、第 41、第 80 帧,按【F6】键插入 3 个关键帧;分别选中【图层 1】、【图层 2】的第 80 帧,按【F5】键插入普通帧。如图 5-18 所示。

图 5-18 插入关键帧和普通帧

②分别选中【图层 3】的第 38、第 40 帧,将蓝色的月亮与黄色月亮重合;设置蓝色的月亮图形对齐方式为"相对舞台",对齐为"水平居中",分布为"垂直居中",生成月全食效果,并暂停几秒,如图 5-19 所示。

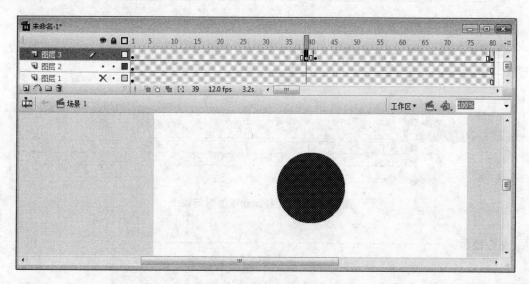

图 5-19 月全食效果

③选中【图层 3】的第 80 帧,让蓝色月亮在右上方与黄色月亮相切一小部分,显示月食结束,效果如图 5-20 所示。

④分别选中【图层 3】的第 1、第 40 帧,设置帧属性,【补间】为"动画",如图 5-21 所示,即创建运动补间动画。

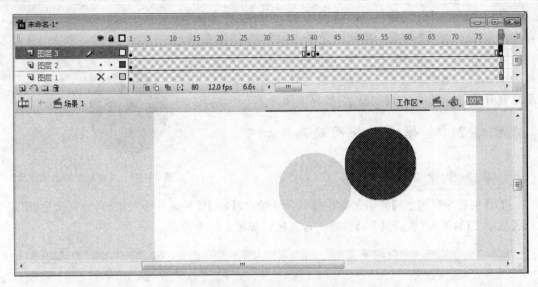

图 5 - 20 月食结束

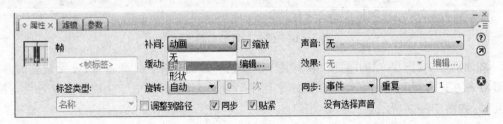

图 5 - 21 创建补间动画

⑤通过 Flash 的自动运算功能自动完成月亮的变化过程,此时,时间轴效果如图 5 - 22 所示。

图 5 - 22 产生补间动画的时间轴

🕐**贴心·提示**————————————————————————————

正确的运动补间动画,会在时间轴上起始关键帧到结束关键帧之间出现一个实线箭头,背景为紫色;如果出现了虚线,则表示补间无效或者不完整。

————————————————————————————————————

⑥执行【控制】→【测试影片】命令或按【Ctrl】+【Enter】快捷键,测试动画,效果如图 5 - 23 所示。

⑦执行【文件】→【保存】命令,弹出【另存为】对话框;选择文件的存储路径;选择保存类型为"Flash CS3 文档(∗ .fla)";输入文件名为"月全食",单击【保存】按钮,完成文件的保存。

⑧执行【文件】→【导出】→【导出影片】命令,弹出【导出影片】对话框;选择导出影片的存储路径;选择保存类型为"Flash 影片(* . swf)";输入文件名为"月全食";单击【保存】按钮,弹出【导出 Flash Player】对话框;设置 JPEG 品质为"100",单击【确定】按钮,完成影片的导出。

图 5-23 测试影片

知识小·百科

1. 运动补间动画的含义

运动补间动画是在一个特定的时间点定义对象的位置、大小和旋转等属性,然后再在另一个特定的时间点改变对象的这些属性的动画形式。

2. 创建运动补间动画

方法 1 右击时间轴上起始和结束关键帧之间的任何一帧(不包括结束关键帧),在弹出的快捷菜单中选择【创建补间动画】命令,如图 5-24 所示。

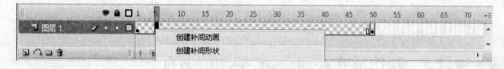

图 5-24 利用命令创建补间动画

方法 2 单击时间轴上起始和结束关键帧之间的任何一帧(不包括结束关键帧),在【属性】面板上设置【补间】为"动画",如图 5-25 所示。

图 5-25 利用帧【属性】面板创建补间动画

3. 运动补间动画【属性】面板的设置

运动补间动画【属性】面板如图 5-26 所示。

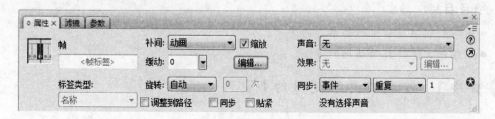

图 5-26 帧"补间"动画【属性】面板设置

● "缩放" 选中该选项可以使对象在运动时按比例缩放。

● "缓动" 设置对象在运动过程中是加快或减速。要使运动补间动画开始速度较慢,然后加快,直到动画结束,可以设置一个处于-1~-100 的缓动值;要使运动补间动画开始速度较快,然后减慢,直到动画结束,可以设置一个处于 1~100 的缓动值。

● "旋转" 可以设置对象的旋转运动,该项值为"无",对象不旋转;该项值为"自动",对象以最小的角度进行旋转,直到终点位置;该项值为"顺时针或者逆时针",对象沿着顺时针或者逆时针方向旋转到终点;在后面的"次数"文本框中输入的值表示旋转次数,如果是"0",表示不旋转。

● "调整到路径" 选中该项可以使对象沿着设定的路径运动,主要用在引导动画中。

● "同步" 选中该项可以使动画在场景中首尾相连地播放。

● "贴近" 选中该项可以使对象沿着运动路径运动时自动与路径对齐。

项目小结

很多精彩的 Flash 动画是利用运动补间技术完成的。创建补间动画只需要定义起始帧和结束关键帧的内容,中间帧的内容将由系统自动生成。通过更改起始帧和结束帧之间的对象大小、旋转方式、颜色的样式等属性可以实现对象缩放、旋转运动、淡入淡出等丰富多彩的动画效果。恰当地设置运动补间属性是创建动画效果的关键。

项目 3 制作形状补间动画"翻动的书页"

项目描述

人们经常翻看书籍,当从右向左翻动书时,书页的形状发生改变,演示一页书的翻动过程可以用 Flash 动画来实现。

项目分析

完成该项目需要绘制放置好的一本书,再绘制一张书页和书页在翻动过程中,不同的关键位置变形的书页,然后利用 Flash 本身的功能补充书页形状改变的中间过程。因此,本项目可分解为以下两个任务:

任务 1 绘制书页和变形的书页。

任务 2 制作形状补间动画。

项目目标

● 掌握绘制书页和变形的书页的方法。

● 掌握制作运动补间动画的方法。

任务 1 绘制书页和变形的书页

操作步骤

①启动 Flash CS3 后,在欢迎界面中选择【新建 Flash 文件(ActionScript 3.0)】,新建一个 Flash 文档;设置文档的属性,大小为 550×400 像素,背景色为浅蓝色(♯3399FF),帧频为 12。

②执行【文件】→【导入】→【导入到库】命令，导入素材文件"book.png"到库，系统自动生成了相应的位图文件。

③选择【图层 1】，将"book.png"从库中拖动到舞台中间；设置图形属性，宽为 440，高为320；设置图形对齐方式为"相对舞台"，水平居中对齐，垂直居中分布，效果如图 5－27 所示；在第 60 帧处按【F5】键插入普通帧。

④插入【图层 2】，按下【Shift】＋【F9】快捷键，打开【颜色】面板；设置填充样式为"线性"；双击色标位置，弹出调色板，调整从左到右色标位置颜色为"＃FF9900"和"＃FFFFFF"。

🕐 **贴心·提示**

双击【图层 1】，可将名称修改为"书本"；同样，也可以双击【图层 2】，将名称修改为"翻页"。

⑤选择【图层 2】的第 1 帧，再选择【矩形工具】▢，设置笔触颜色为"空"，绘制一个矩形；利用【选择工具】、调整矩形的形状；利用【颜料桶工具】填充矩形。结果如图 5－28 所示。

图 5－27　将素材导入舞台并设置属性

图 5－28　在图层 2 的第 1 帧绘制书页

📶 **任务 2　制作形状补间动画**

操作步骤

①选择【图层 2】的第 15 帧，按下【F6】键插入关键帧；使用【选择工具】和【任意变形工具】调整书页形状，效果如图 5－29 所示。

②选择【图层 2】的第 30 帧，按下【F6】键插入关键帧；使用【选择工具】和【任意变形工具】调整书页形状，效果如图 5－30 所示。

图 5－29　调整书页 1

图 5－30　调整书页 2

③选择【图层 2】的第 50 帧，按下【F6】键插入关键帧；使用【选择工具】和【任意变形工具】调整书页形状，效果如图 5-31 所示。

④选择【图层 2】的第 60 帧，按下【F6】键插入关键帧；使用【选择工具】和【任意变形工具】调整书页形状，效果如图 5-32 所示。

图 5-31　调整书页 3

图 5-32　调整书页 4

⑤分别在【图层 2】的第 1、第 15、第 30、第 50 帧上右击鼠标，在弹出的快捷菜单中选择【创建补间形状】命令，时间轴效果如图 5-33 所示。

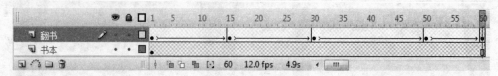
图 5-33　创建补间形状

🕐**贴心提示**

正确地创建补间形状，会在时间轴上起始关键帧到结束关键帧之间出现一个实线箭头，背景为绿色；如果出现了虚线，则表示补间无效或者不完整。

⑥执行【控制】→【测试影片】命令，会发现第 30 帧到第 50 帧之间书页的翻动补间动画不符合预期的效果，必须加以改进。

⑦选择【图层 2】的第 30 帧关键帧，执行【视图】→【显示形状提示】命令。

⑧执行【修改】→【形状】→【添加形状提示】命令，添加形状提示后，书页上出现一个红色圆圈"a"的提示点，如图 5-34 所示。

⑨按下【Ctrl】+【Shfit】+【H】组合键，添加形状提示 b、c、d，拖放添加的形状提示点到书页的 4 个角，按逆时针方向放置，如图 5-35 所示。

图 5-34　添加形状提示点 a

图 5-35　添加形状提示点 b,c,d

⑩选择【图层 2】的第 50 帧关键帧，拖放形状提示点 a、b、c、d 与第 30 帧中所标记的形状提示点到相应的书角处，如图 5-36 所示。

⑪按【Ctrl】＋【Enter】快捷键测试影片，效果满意后，执行【文件】→【保存】命令，将文件保存为"翻页.fla"。

图 5-36　拖放形状提示点 a、b、c、d 到相应的书角处

知识·小·百科

1. 形状补间的含义

形状补间是实现随时间变化改变对象的形状形成动画的有效方法，只要确定变形前和变形后的画面，中间的变化过程由计算机自动生成。形状补间只对分离的对象才可以应用，直接导入的图形必须分离后才可以应用形状补间。

2. 创建形状补间动画

方法 1　右击时间轴上起始和结束关键帧之间的任何一帧（不包括结束关键帧），在弹出的快捷菜单中选择【创建补间形状】命令，如图 5-37 所示。

图 5-37　在时间轴上创建补间形状

方法 2　单击时间轴上起始和结束关键帧之间的任何一帧，在【属性】面板上设置【补间】为"形状"，如图 5-38 所示。

图 5-38　在【属性】面板上创建补间形状

3. 补间形状【属性】面板的设置

创建形状补间后，如果想获得一些特殊的效果，可以在【属性】面板上设置【混合】类型和【缓动】的值，如图 5-39 所示。

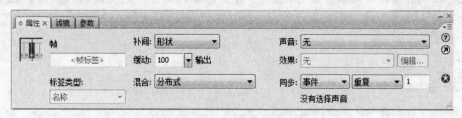

图 5-39　补间形状的【属性】面板

89

(1)"混合" 用于设置混合形状的曲线和角,混合类型有两个选项:

● "分布式" 在补间形状中生成平滑的形状,适合平滑的形状和曲线形状的变形。

● "角形" 在补间形状中保留明显的角和直线,适合尖角和直角形状的变形。

(2)"缓动" 可以设置补间形状变化的速度。要使补间形状动画开始速度较慢,然后加快,直到动画结束,可以设置一个-1～-100 的缓动值;要使补间形状动画开始速度较快,然后减慢,直到动画结束,可以设置一个 1～100 的缓动值。

4. 为补间形状添加形状提示

为补间形状添加形状提示,可以更好地控制复杂的形状变化。形状提示就是放置在起始形状和结束形状上,用于指定起始形状中某个特定点变形为结束形状中的对应点。每个补间最多可以使用 26 个形状提示,从 a 到 z 形状提示刚放在起始关键帧中时为红色,在正确放置在结束关键帧时为绿色,此时起始关键帧中的形状提示点变为黄色。没有正确放置在起始关键帧和结束关键帧中的形状提示均为红色。在添加形状提示时要注意提示点的排列顺序应一致,譬如:采用逆时针排列,或者顺时针排列。

项目小结

　　形状补间动画是一种插帧动画,是实现随时间变化改变对象的形状而形成的动画。正确地绘制形状变化的关键帧是制作的关键。在绘制形状变化时,需要熟练使用工具箱中的绘图工具和变形工具。为了控制复杂的形状变化,还要正确地添加形状提示点,确保形变动画符合预期的效果。需要强调的是,形状补间的对象必须是分离的,导入的图形和输入的文字不能直接用于创建形状补间动画,要先对它们进行分离操作。

 ## 项目 4　创建元件和实例

项目描述

在制作动画过程中,需要反复使用某个对象,这时可以先把它定义为元件,使用时将元件拖动到舞台形成该元件的实例使用。如果不定义为元件直接使用会增加文件的大小,减慢输出为影片后的播放速度。元件分为 3 种:图形、影片剪辑和按钮。

项目分析

元件给制作动画带来很大便利,应该掌握创建各种元件和应用实例的方法。该项目分解为以下两个任务:

任务 1　创建元件。

任务 2　创建和编辑实例。

项目目标

● 掌握 3 种元件的定义方法。

● 掌握实例的属性设置方法。

任务1　创建元件

1. 创建图形元件

图形元件用于创建可以反复使用的静态图形，没有交互性。创建方法如下：

方法 1：

执行【插入】→【新建元件】命令或按下【Ctrl】+【F8】快捷键，弹出【创建新元件】对话框；输入元件的【名称】"球"，设置【类型】为"图形"，如图 5-40 所示，单击【确定】按钮，则创建一个名字为"球"的图形元件编辑区，可以绘制一个小球，如图 5-41 所示。完成后库中可以看到图形元件"球"。

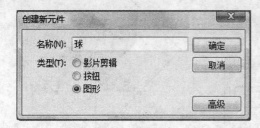

图 5-40　【创建新元件】对话框

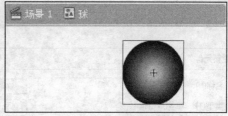

图 5-41　编辑图形元件

方法 2：

新建一个文件，在舞台上绘制一个图形或者导入一个图形（如小球）到舞台上；选中绘制的图形，单击鼠标右键，在弹出的快捷菜单中选择【转化为元件】命令或执行【修改】→【转化为元件】或按【F8】键均会打开【转化为元件】对话框；输入元件的【名称】"球"，设置【类型】为"图形"，单击【确定】按钮，此时【库】面板中可以看到图形元件"球"，如图 5-42 所示。

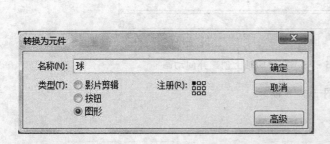

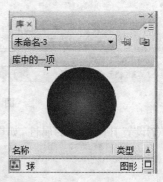

图 5-42　【转化为元件】对话框和【库】面板

2. 创建影片剪辑元件

影片剪辑元件是一段动画并且可以独立播放，它是主动画的一个组成部分，可以独立拥有时间轴和属性。

下面以制作"旋转的风车"影片剪辑元件为例介绍创建影片剪辑元件的方法。

操作步骤

① 新建 Flash CS3 文件，设置文档大小为 550×400 像素，背景色为白色，帧频为12。

②执行【插入】→【新建元件】命令,打开【创建新元件】对话框;输入元件的【名称】"风车",设置【类型】为"影片剪辑",如图 5-43 所示;单击【确定】按钮。

③执行【文件】→【导入】→【导入到库】命令,将素材文件"风车上部.png"和"风车杆.png"导入到库,系统自动生成相应的位图文件。

④选择【图层 1】,将"风车杆.png"文件拖动到影片剪辑编辑区。

⑤插入【图层 2】,将"风车上部.png"文件拖动到影片剪辑编辑区,然后调整图形位置和大小:设置图形宽为 218,高为 218,X 值为-108.3,Y 值为 0.3,效果如图 5-44 所示。

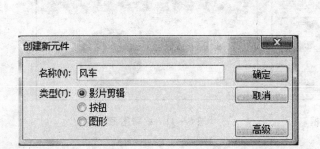

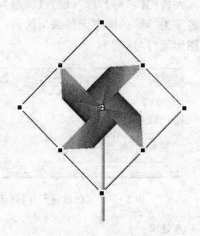

图 5-43　创建影片剪辑　　　　　　　　图 5-44　组合的风车效果

⑥选择【图层 1】的第 40 帧,按【F5】键插入普通帧;选择【图层 2】的第 40 帧,按【F6】键插入关键帧;选择【图层 2】中第 1 帧到第 40 帧之间的任何一帧,创建补间动画,时间轴效果如图 5-45 所示。

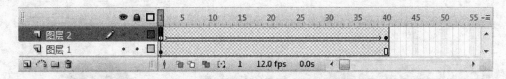

图 5-45　在时间轴上创建补间动画

⑦设置补间动画的属性,如图 5-46 所示。

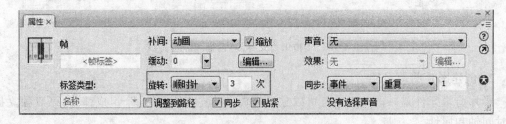

图 5-46　设置补间动画的属性

⑧至此,影片剪辑元件制作完成,按【Enter】键可以看到风车转动的效果。

⏰ **贴心提示**

当在动画文档中重复使用一个已经创建的一段动画时,可以把该段动画转换为一个影片剪辑元件,具体步骤如下:

(1) 选中要转换的动画所有图层的所有帧,并单击鼠标右键,在快捷菜单中选择【复制帧】。

(2) 执行【插入】→【新建元件】命令,打开【新建元件】对话框,将类型设为"影片剪辑"并输入元件的名称。

(3) 单击时间轴中的首帧,然后右击鼠标,在弹出的快捷菜单中选择【粘贴帧】命令,粘贴所有帧,完成转换工作。

3. 创建按钮元件

按钮元件不同于图形元件,可以看做是一个简单的交互动画。它在播放过程中默认情况下是静止不动的,但是它可以因鼠标移动或单击操作而触发相应的动作。

下面以制作"播放"按钮元件为例介绍创建按钮元件的方法。

操作步骤

❶新建 Flash CS3 文件,设置文档的大小为 550×400 像素,背景色为白色,帧频为 12。

❷执行【插入】→【新建元件】命令,在打开的【创建新元件】对话框中输入元件的名称为"播放",设置类型为"按钮",如图 5 - 47 所示;单击【确定】按钮。

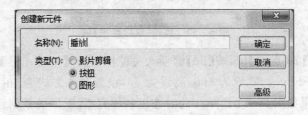

图 5 - 47　【创建新元件】对话框

❸创建按钮元件后图层情况如图 5 - 48 所示,按钮有【弹起】、【指针经过】、【按下】、【点击】4 个需要编辑的帧,默认情况下【弹起】帧是个空白关键帧。

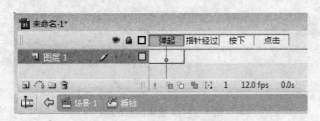

图 5 - 48　创建按钮元件后的图层

❹选择【文字工具】T,在打开的按钮编辑区中输入"播放",并设置字体为"华文行楷",字号为"40",颜色为"红色"(#FF0000);设置对齐方式为"相对舞台""水平居中""垂直居中",效果如图 5 - 49 所示。

❺选择【图层 1】的【指针经过】帧,按【F6】键插入关键帧,修改"播放"文字的颜色为"蓝

图 5-49　编辑【弹起】帧的效果

色"(♯00FFFF),效果如图 5-50 所示。同样,选择【图层 1】的【按下】帧,按【F6】键插入关键帧,修改【播放】文字的颜色为"粉红色"(♯FF00FF)。

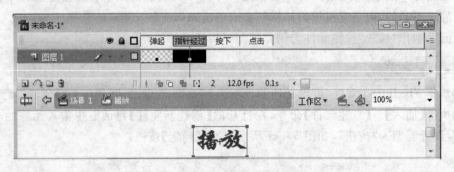

图 5-50　编辑【鼠标经过】帧

❻选择【图层 1】的【点击】帧,按【F6】键插入关键帧;选择【矩形工具】,绘制无边框矩形,颜色设为黄色(♯FFFF00),宽设为 100,高设为 50;设置对齐方式为"相对于舞台""水平居中""垂直居中",效果如图 5-51 所示。此时按钮制作完成,返回场景创建按钮实例。

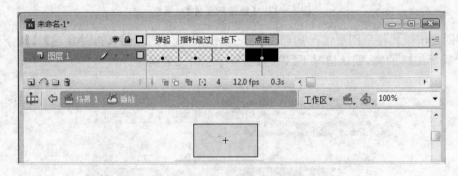

图 5-51　编辑【点击】帧

⏰ **贴心·提示**

（1）按钮元件有 4 个状态：

● 弹起　光标和按钮没有接触，按钮处于一般状态。

● 指针经过　光标经过按钮但没有按下鼠标时的状态。

● 按下　当光标移动到按钮上并按下鼠标按钮时的状态。

● 点击　此状态定义响应鼠标事件的有效区域范围，且此区域不会显示在影片中。对于文字按钮，有效区域只在文字本身的轮廓上，当单击文字镂空区域时，按钮可能没有响应。对此，需要绘制一个有效点击区域。针对图形按钮创建按钮的点击区域也是一个良好的习惯。

（2）将舞台上的图形转换为按钮元件的方法是：首先在舞台上画出一个图形，然后选中它，右击鼠标，在弹出的快捷菜单中选择【转换为元件】命令，将类型设为"按钮"。此时，【库】面板中出现了该按钮，双击它就可以进行编辑了。

---

4. 元件库的基本操作

1）打开元件库

方法 1　执行【窗口】→【库】命令，打开【库】面板，选中某个元件，则该元件的内容将在元件库中预览窗口显示出来，如图 5-52 所示。

方法 2　按【F11】键即可。

2）在【库】中新建元件

方法　单击【库】面板下方的【新建元件】按钮，在打开的【创建新元件】对话框中进行新建元件的设置。

3）更改【库】中元件属性

方法　选中【库】面板中某个元件，单击【库】面板下方的【属性】按钮，打开【元件属性】对话框，如图 5-53 所示。在该对话框中单击【编辑】按钮，编辑元件，或单击【高级】按钮进行属性设置。

图 5-52　【库】面板

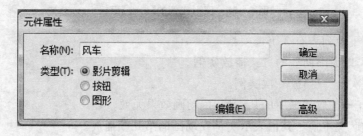

图 5-53　【元件属性】对话框

4）直接复制【库】中元件

方法　选中【库】面板中某个元件并右击鼠标，在弹出的快捷菜单中选择【直接复制】命令，打开【直接复制元件】对话框，如图 5-54 所示，在该对话框中可以对复制的元件进行设置。

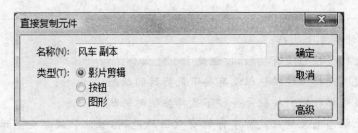

图 5-54 【直接复制元件】对话框

5)删除【库】中元件

如果不需要库中的某些元件,可以用以下方法将其删除:

方法 1 选中【库】面板中某个不需要的元件,单击【库】面板下方的【删除】按钮。

方法 2 选中【库】面板中某个不需要的元件,右击鼠标,在弹出的快捷菜单中选择【删除】命令。

方法 3 选中【库】面板中某个不需要的元件,按【Delete】键删除。

任务 2 创建和编辑实例

将元件从库中拖入到场景中,就生成了该元件的一个实例,这个过程就是创建实例的过程。对元件的实例可以设置它的属性,但是库中的元件属性不改变;反之,改变库中元件的属性,则该元件生成的所有实例属性都改变。

1. 图形实例的属性设置

选中图形元件对应的实例,打开【属性】面板,如图 5-55 所示,各项功能如下:

图 5-55 图形实例的【属性】面板

(1)"循环"下拉列表有 3 个选项:

● "循环" 以无限循环的方式播放实例。

● "播放一次" 只播放一次实例。

● "单帧" 当选取动画中的某一帧时,动画效果无效。

(2)"第一帧"文本框 其值表示实例在动画的第几帧播放。

(3)"颜色"下拉列表框有 5 个选项:

● "无" 保持实例的原来属性不变。

● "亮度" 设置实例的明亮度值,取值范围是 $-100\%\sim100\%$。数值越大,越亮;反之,数值越小,越暗。

● "色调" 通过对 RGB 值的改变来调整色彩,还可以设置颜色的饱和度。

●"Alpha"　用于设置实例的透明度,取值为 0%～100%,数值越小,透明度越高,为 0% 时全透明;反之,数值越大,透明度越低,为 100% 时不透明。

●"高级"　可以对实例的色调、亮度和 Alpha 同时进行精确设置。

2. 按钮实例的属性设置

方法　选中按钮实例,打开【属性】面板,如图 5-56 所示。

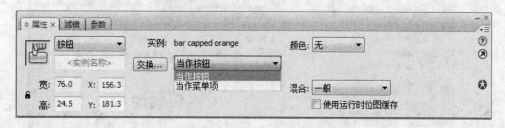

图 5-56　按钮实例的【属性】面板

各项功能如下。

●【按钮】下的实例名称文本框:为实例定义一个名称,便于在添加 ActionScript 语句时使用。

●【当作按钮】下拉列表框:有两个选项:"当作按钮"和"当作菜单项",定义该实例是以普通按钮形式存在还是以下拉菜单形式存在。

●【混合】下拉列表框:使用混合模式,可以混合重叠颜色,从而创造出独特的效果。

3. 影片剪辑实例的属性设置

方法　选中影片剪辑实例,打开【属性】面板,如图 5-57 所示。其中【颜色】和【混合】下拉列表框的设置与图形实例和按钮实例相同。

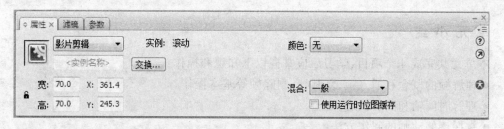

图 5-57　影片剪辑实例的【属性】面板

4. 使用【公用库】中的【按钮】库创建按钮实例

Flash 自带了一个按钮库,这个按钮库中有很多精美的按钮。在动画制作过程中,可以直接使用按钮库中的按钮,提高工作效率。

方法　执行【窗口】→【公用库】→【按钮】,打开【库－Buttons】面板。双击按钮名称文件夹,将显示该文件夹中的按钮,如图 5-58 所示。

用户可以根据需要选中某个按钮,用鼠标将其拖入舞台,成为一个实例,如图 5-59 所示。

图 5-58 【库—Buttons】面板

图 5-59 创建【按钮】实例

项目小结

　　Flash 中的元件是存储在库中或者公用库中可以重复使用的元素。用户把库中的元件放置到舞台或者其他元件中,该元件就成为了一个实例。在动画中使用特定元件的许多实例时,不仅不会增加文件的大小,还可以加快影片的播放速度。对元件的修改可以应用于影片中所有使用该元件创建的实例,简化了对影片的编辑,所以使用元件创作动画是非常必要的。图形元件、按钮元件、影片剪辑元件是 3 种基本元件,分别适用于不同的环境。掌握这 3 种元件的创建和实例的使用可以极大地提高制作动画的效率。

单 元 小 结

本单元共完成 4 个项目,学习后应掌握以下知识和操作:
- 理解帧的概念和插入帧、复制帧、删除帧等基本操作。
- 理解时间轴和图层概念。
- 掌握逐帧动画的制作方法。
- 掌握运动补间动画的制作方法。
- 掌握形状补间动画的制作方法。
- 掌握创建元件和实例的方法。

实 训 练 习

(1)参照制作逐帧动画的方法,制作"小鸟展翅飞翔"的动画。

(2)参照制作运动补间动画的方法,制作在空间上"跳跃的小球"动画。

(3)参照制作形状补间动画的方法,制作一个由文字"Flash"变成"LUCKY"的动画。

第**6**单元

创建特殊动画

本单元将介绍特殊动画的制作。制作特殊动画需要合理使用图层,灵活应用【引导层】和【遮罩层】动画,将【文本工具】与特殊动画相结合,可以制作许多特殊的动画效果。只有掌握并体会这些内容的要领,才能让它们之间相互配合,创作出更好、更精彩的作品。

本单元按以下 5 个项目进行:

项目 1　制作多图层动画"变换字母"。

项目 2　制作引导层动画"随风飘落的花朵"。

项目 3　制作遮罩动画"手电筒"效果。

项目 4　制作预载入动画。

项目 5　制作动态特效文字"变幻文字"。

项目 1　制作多图层动画"变换字母"

项目描述

在制作字母变化动画时,需要让字母随着时间的改变产生一系列变化。在该动画中,将不同的字母和动画分别制作在不同的图层上,这样既条理清晰又便于编辑。该作品尺寸为768×982 像素,帧频为 12fps。

项目分析

完成该项目首先需要向舞台中导入一幅图片作为背景,然后新建【图层 2】,通过创建补间形状动画,制作字母"A"到"B"之间变换的动画。最后按照【图层 2】的方法依次制作出其他字母的变化。因此,本项目可分解为以下任务:

任务 1　制作字母"A"到"B"变换的动画。

任务 2　创建其他字母之间变换的动画。

项目目标

● 掌握创建图层的方法。

● 复习补间动画及帧的复制、翻转等操作。

任务 1　制作字母"A"到"B"变换的动画

操作步骤

①启动 Flash CS3 后,单击常用工具栏中的【新建】按钮 ,弹出【新建文档】对话框,新建一个空白文档。

②执行【新建】→【导入】→【导入到库】命令,向【库】面板中导入素材图片文件"6.1. jpg",并将其拖曳到舞台上;执行【修改】→【文档】命令或按【Ctrl】+【J】快捷键,打开【文档属性】对话框;在【匹配】选项组中选择"内容"单选按钮,修改文档属性,然后单击【确定】按钮。结果如图 6-1 所示。

图 6-1　导入图像

③新建【图层 2】,选择工具箱中的【文本工具】**T**,并且在【属性】面板上设置文本的属性,如图 6-2 所示。

④在舞台中央位置输入文字"A",选中文字,执行【修改】→【分离】命令,将文本打散为形状,如图 6-3 所示。

⑤在【图层 1】的第 20 帧按【F5】键插入普通帧,在【图层 2】的第 20 帧按【F6】键插入关键帧;选中【图层 2】的第 20 帧删除字母"A",然后在同样的位置输入字母"B",并将字母"B"

也打散为形状，如图 6-4 所示。

图 6-2　设置文本工具的【属性】面板

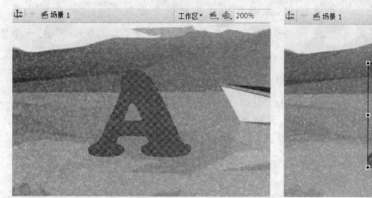

图 6-3　输入字母"A"

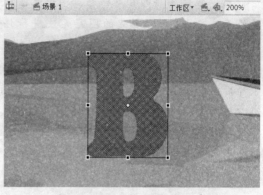

图 6-4　输入字母"B"

❻在【图层 2】的第 1～第 20 帧之间单击任意一帧，在弹出的快捷菜单中选择【创建补间形状】命令，创建补间形状动画，如图 6-5 所示。

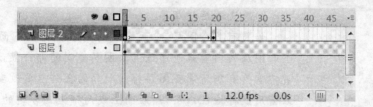

图 6-5　创建补间形状

贴心提示

在舞台中选中一个对象，按住【Shift】键，再选择其他层的对象就可以选择多个图层。

知识小·百科

1. 图层的含义

一个图层，犹如一张透明的纸，在上面可以绘制任何图画或书写任何文字，所有的图层叠合在一起，就组成了一幅完整的画。

图层有两大特点：除了画有图形或文字的地方，其他部分都是透明的，也就是说，下层的内容可以通过透明的这部分显示出来；图层又是相对独立的，修改其中一层，不会影响到其他层。

2. 图层的状态

在 Flash 中,图层有显示👁、锁定🔒、外框□ 3 种状态。

👁 控制图层的显示状态。单击此按钮,在图层的相应位置会出现✗ ✗,表明此图层处于隐藏状态,在编辑时是看不见的。同时,对处于隐藏状态的图层不能进行任何修改。因此,当需要对某个图层进行修改又不想被其他图层的内容干扰时,可以先将其他图层隐藏起来。当想让图层再次处于显示状态时,只需单击✗按钮即可。

🔒 控制图层的锁定状态。单击此按钮,在图层的相应位置会出现✗ · 🔒,表明此图层处于锁定状态。被锁定的图层无法进行任何操作。在 Flash 制作中,大家应该养成一个好习惯,即完成一个层的制作就立刻把它锁定,以免误操作带来麻烦。

□ 控制图层的显示状态。单击此按钮,在图层的相应位置会出现□,表明此图层处于外框模式状态。处于外框模式的层,其上的所有图形只能显示轮廓。注意,其他图层都是实心的方块,独有此层是外框形式。外框模式只能显示图形轮廓的功能,当进行多图层的编辑时,特别是要对几个图层的对象进行比较准确的定位时,外框模式非常有用,可以凭轮廓的分布来准确地判断它们的相对位置。

3. 图层的基本操作

1)新建一个图层

每次打开一个新文件时就会有一个默认的图层【图层 1】,如图 6-6 所示。要新建一个

图层,只需用鼠标单击图层窗口左下角的【新建】按钮 ,就会在原来图层的上方出现一个新图层。

2)改变图层的顺序

如果有多个图层,上面图层的内容会遮盖下面图层的内容,下面图层的内容只能通过上面图层透明的部分显示出来。因此,常常需要有重新调整图层排列顺序的操作。要改变它们的顺序,只需用鼠标拖住该层,然后向上或向下拖到合适的位置就行了。

3)删除图层

图 6-6 默认的【图层 1】

当某个图层不需要时,就可以删除它。删除图层只需用鼠标将其拖至【图层】面板的【删除】🗑 按钮上,或右击要删除的图层,在弹出的快捷菜单中选择【删除图层】命令即可。

4)图层重新命名

方法 双击图层的名称,名称部分就进入编辑状态,输入新名称,单击空白处即可。

5)创建图层文件夹

为了便于图层的管理,可以将同类的图层放入同一个图层文件夹中,这就需要创建图层文件夹。可以单击图层面板下方的【插入图层文件夹】按钮;或在已有的图层上单击右键,在弹出的快捷菜单中选择【插入图层文件夹】命令;或执行【插入】→【时间轴】→【图层文件夹】命令,均可创建图层文件夹。

任务 2 创建其他字母之间变换的动画

①新建【图层 3】,选中【图层 2】的第 1 帧~第 20 帧,单击鼠标右键,在弹出的快捷菜单中选择【复制帧】命令。

②选中【图层 3】的第 21 帧,单击鼠标右键,在弹出的快捷菜单中选择【粘贴帧】命令。

③再次选中【图层 3】的第 21 帧~第 41 帧,单击鼠标右键,在弹出的快捷菜单中选择【翻转帧】命令。

④选中【图层 3】的第 21 帧,删除舞台上的字母"B",然后在相同的位置输入字母"C",并且将字母"C"也打散为形状,如图 6-7 所示。

图 6-7 创建字母"B"到字母"C"的补间动画

⑤新建【图层 4】和【图层 5】,按照同样的方法制作出字母"C"到字母"D"的补间动画和字母"D"到字母"E"的补间动画,如图 6-8 所示。

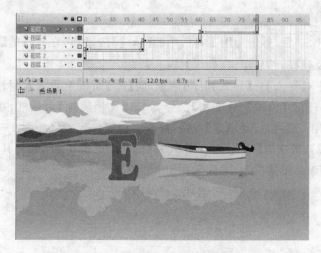

图 6-8 制作其他字母之间的变换

⑥按【Ctrl】＋【Enter】快捷键测试动画。

项目小结

　　大部分图像处理软件中,都引入了图层的概念。灵活地掌握与使用图层,不仅可以轻松制作出种种特殊效果,还可以大大提高工作效率。可以说,对图层技术的掌握,无论是运用 Flash 还是运用其他图形处理软件,都是新手进阶的必经之路。

 项目 2　制作引导层动画"随风飘落的花朵"

　　项目描述

　　在制作花朵随风飘落动画中,需要让花朵沿着事先设定好的曲线路径移动,使用引导层动画就能很好地解决这一问题。该作品大小为1024×768 像素,帧频为 12fps。

　　项目分析

　　完成该项目需要首先向舞台中导入一幅图片作为背景,然后绘制花朵的运动路径,最后创建补间动画。因此,本项目可分解为以下任务:

　　任务1　导入素材。

　　任务2　创建引导层动画。

　　项目目标

　　● 掌握绘制路径的方法。

　　● 掌握引导层的创建方法。

任务 1　导 入 素 材

操 作 步 骤

　　①启动 Flash CS3 后,单击常用工具栏中的【新建】按钮 ,在打开的【新建文档】对话框中,设置文件大小及帧频,然后单击【确定】按钮,新建一个空白文档。

　　②执行【新建】→【导入】→【导入到库】命令,向【库】面板中导入素材图片"6.2.jpg",并将其拖曳到舞台上;执行【修改】→【文档】命令,弹出【文档属性】对话框,在【匹配】选项组中选中"内容"单选按钮,然后单击【确定】按钮,修改文档属性。效果如图 6-9 所示。

　　③新建【图层2】,再次向【库】面板中导入素材图片"6.3.png",并将其拖曳到舞台上;使用【任意变形工具】调整图像的大小,效果如图 6-10 所示。

图 6 - 9　插入图像

图 6 - 10　修改图像大小

任务 2　创建引导层动画

操作步骤

①单击【时间轴】面板底部的【添加运动引导层】按钮 ，在【图层 2】上方新建一个【引导层】，如图 6 - 11 所示。

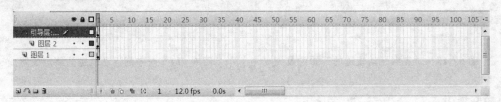

图 6 - 11　新建引导层

②在【图层 1】的第 40 帧处按【F5】键插入普通帧，在【图层 2】的第 40 帧处按【F6】键插入关键帧。

③选中【引导层】的第 1 帧，利用工具箱中的【铅笔工具】在图像上绘制出花朵的运动路线，如图 6 - 12 所示。

图 6 - 12　绘制运动路径

⏰ **贴心·提示**

引导线不能是封闭的曲线，要有起点和终点；起点和终点之间的线条必须是连续的，不能间断；引导线可以是任何形状，引导线转折处的线条弯转不宜过急过多。

运动引导线在动画发布的时候是看不到的，所以引导线的颜色可以随意设置，只要与场景中的主体颜色区分开就可以了。

④选中【图层 2】的第 1 帧，使用工具箱中的【选择工具】↖，将花朵的中心点对齐运动轨迹的开始位置，如图 6－13 所示。

⑤在【引导层】的第 40 帧处按【F5】键插入普通帧；选中【图层 2】的第 40 帧，使用工具箱中的【选择工具】↖，将花朵的中心点对齐到运动轨迹的终点位置，如图 6－14 所示。

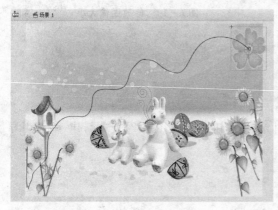

图 6－13　对齐到运动轨迹的开始位置　　　图 6－14　对齐到运动轨迹的终点位置

⏰ **贴心·提示**

实现引导线效果的时候，一定要注意元件与引导线的黏合问题。如果没有黏合，则元件就会按照开始帧和结束帧的位置直线运动。

⑥在【图层 2】的第 1 帧～第 40 帧之间单击任意一帧，在弹出的快捷菜单中选择【创建补间动画】命令，创建补间动画，如图 6－15 所示。

图 6－15　创建运动补间动画

⑦按【Ctrl】＋【Enter】快捷键测试动画。

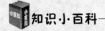 知识小·百科

1. 图层的类型

在制作动画时,图层的类型分为 3 类,分别是普通图层、引导图层和遮罩图层。

1)普通图层

普通图层一般放置的对象是最基本的动画元素,如矢量对象、位图和元件等。

2)引导图层

在引导图层中可以像其他图层一样制作各种图形和引入元件,但最终发布时,引导图层中的对象不会显示出来。引导图层按功能分为两种,分别是普通引导图层和运动引导图层。

3)遮罩图层

可以将与遮罩图层中相链接图层中的图像遮盖起来,也可以将多个图层组合起来放在一个遮罩图层下,以创建多样的效果。

2. 创建引导层和被引导层

一个最简单的运动引导层动画只需由两个图层组成,上面一层是【引导层】，下面一层是【被引导层】。

在普通图层上单击【时间轴】面板上的【添加引导层】按钮，则该层的上面就会添加一个【引导层】,同时该普通图层缩进成为【被引导层】,如图 6-16 所示。

图 6-16 引导层图标

3. 引导层和被引导层中的对象

【引导层】是用来指示元件运行路径的,所以【引导层】中的内容可以是用【钢笔工具】、【铅笔工具】、【线条工具】、【椭圆工具】、【矩形工具】或【画笔工具】等绘制出的线段,如果想让对象作圆周运动,可以先在【引导层】上使用【椭圆工具】画个圆,然后再用【橡皮擦工具】去一小段,使圆形线段出现 2 个端点,再把对象的起始、终点分别对准端点即可。

而【被引导层】中的对象是跟着引导线走的,可以使用影片剪辑、图形元件、按钮、文字等对象,但不能使用形状。

由于引导线是一种运动轨迹,因此被引导层中最常用的动画形式是动作补间动画,当播放动画时,一个或数个元件将沿着运动路径移动。

4. 解除引导层

如果想解除引导,可以把【被引导层】拖离出【引导层】,或在【引导层】上单击右键,在弹出的快捷菜单上将【引导层】前面的对号去掉,即将【引导层】转化为【普通图层】。

实现引导线效果的时候,一定要注意元件与引导线的黏合问题。如果没有黏合,则元件就会按照开始帧和结束帧的位置直线运动。

运动引导线在动画发布的时候是看不到的,所以引导线的颜色可以随意设置,只要与场景中的主体颜色区分开就可以了。

项目小结

　　引导层就相当于一个引路者,它指引相关物体按着事前的想法来移动。引导层在导出的 SWF 文件中是看不见的,所以不会影响画面的美观。引导层动画一般和补间动画一起使用,两者之间合理地结合使用,可以实现许多意想不到的创意效果。

项目3　制作遮罩动画"手电筒"效果

项目描述

　　在制作遮罩动画时,需要做一个由小变大的圆作为遮罩层,要显示的信息是被遮罩层,当遮罩层的内容移动到某个位置,则被遮罩图层信息会显示出来。该作品大小为 600×425 像素,帧频为 12fps。

项目分析

　　完成该项目首先需要向舞台中导入一幅图片作为被遮罩层,然后把制作的补间形状动画作为遮罩层。因此,本项目可分解为以下任务:

　　任务 1　创建被遮罩层。

　　任务 2　创建遮罩层。

项目目标

● 掌握创建遮罩层的方法。

● 掌握遮罩动画的制作方法。

任务1　创建被遮罩层

操作步骤

①启动 Flash CS3 后,单击常用工具栏中的【新建】按钮 ,在打开的【新建文档】对话框中,设置文件大小及帧频,然后单击【确定】按钮,新建一个空白文档。

②执行【新建】→【导入】→【导入到库】命令,向【库】面板导入素材图片"6.4.jpg",并将其拖曳到舞台上。

③执行【修改】→【文档】命令,打开【文档属性】对话框;在【匹配】选项组中选中"内容"单选按钮,然后单击【确定】按钮,修改文档属性。效果如图 6-17 所示。

图 6-17　修改文档的大小

任务 2　创建遮罩层

操作步骤

①新建【图层 2】,选择工具箱中的【椭圆工具】,在【图层 2】的第 1 帧上画一个小圆,效果如图 6 - 18 所示。

②选中【图层 1】的第 40 帧,按【F5】键插入普通帧;选中【图层 2】的第 40 帧,按【F6】键插入关键帧;使用【任意变形工具】调整舞台上椭圆的大小,如图 6 - 19 所示。

图 6 - 18　插入图像

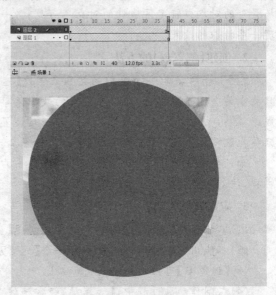

图 6 - 19　修改椭圆大小

③在【图层 2】的第 1 帧~第 40 帧之间右击任意一帧,在弹出的快捷菜单中选择【创建补间形状】命令,创建补间形状动画,如图 6 - 20 所示。

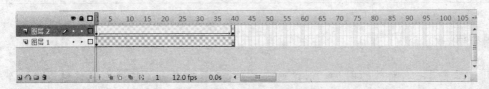

图 6 - 20　创建补间形状

④选中【图层 2】,单击鼠标右键,在弹出的快捷菜单中选择【遮罩层】命令。

贴心提示

遮罩层中的图形对象在播放时是看不到的。遮罩层中的对象可以是按钮、影片剪辑、图形、位图、文字等。被遮罩层中的对象只能透过遮罩层中的对象被看到。在被遮罩层,可以使用按钮、影片剪辑、图形、位图、文字和线条等对象。

⑤按【Ctrl】+【Enter】快捷键测试动画。

知识小·百科

遮罩层好比黑夜中的一支手电筒,照在哪儿,哪儿就显现。在 Flash 作品中,常常可以看到很多眩目神奇的效果,而其中不少就是用遮罩动画制作的,如水波、万花筒、百页窗、放大镜、望远镜……

1. 遮罩的作用

"遮罩"顾名思义就是遮挡住下面的对象。在一个遮罩动画中,【遮罩层】只有一个,【被遮罩层】可以有任意个。"遮罩"主要有两种用途,一种是用在整个场景或一个特定区域,使场景外的对象或特定区域外的对象不可见;另一种用途是遮罩住某一元件的一部分,从而实现一些特殊的效果。

2. 创建【遮罩层】的方法

在 Flash 中没有一个专门的按钮来创建【遮罩层】,【遮罩层】其实是由普通图层转化的。只要在某个图层上单击右键,在弹出的快捷菜单中将【遮罩层】前打个勾,则该图层就会转换成遮罩层,系统会自动把遮罩层下面的一层设置为【被遮罩层】。如果要让多个图层被遮罩,只要把这些图层拖到【被遮罩层】下面就行了。

如果要取消遮罩,只需在【遮罩层】上单击右键,在弹出的快捷菜单中将【遮罩层】前把勾去掉,该遮罩层就会转换成【普通图层】。

3. 应用遮罩时的技巧

(1)不能通过【遮罩层】的颜色变化来实现【被遮罩层】的颜色变化。

(2)不能用某个【遮罩层】遮挡另一个【遮罩层】。

(3)【遮罩层】可以应用在 gif 动画上。

(4)在制作动画过程中,【遮罩层】经常挡住下面图层的元件,影响视线无法编辑,可以按下【遮罩层】时间轴面板上的【显示图层轮廓】按钮,使之变成只显示【遮罩层】边框形状。在这种情况下,还可以拖动边框调整遮罩图形的外形和位置。

(5)在【被遮罩层】中不能放置动态文本。

项目小结

遮罩层是一种特殊的图层。创建遮罩层后,遮罩层下面图层的内容就像透过一个窗口显示出来一样,这个窗口的形状就是遮罩层中内容的形状。在遮罩层中绘制对象时,这些对象具有透明效果,可以把图形位置的背景显露出来。在 Flash 中,使用遮罩层可以制作出一些特殊的效果。

项目 4　制作预载入动画

项目描述

将格式为".swf"的文件上传到网上,如果文件较大,下载速度就会较慢,为了防止观众等得不耐烦,可以在预载动画时先加载一个小动画吸引观众。该作品大小为 550×400 像素,帧频为 12fps。

项目分析

为了让动画播放流畅,应该使动画在网络上全部下载完之后再播放,预载入动画需要使用【动作】面板中的语句来完成。因此,本项目可分解为以下任务:

任务 1　创建补间动画。

任务 2　制作空心字。

任务 3　创建遮罩层。

项目目标

● 掌握制作空心字的方法。

● 掌握遮罩层的创建。

任务 1　创建补间动画

操作步骤

①启动 Flash CS3 后,单击【新建】按钮 ,打开【新建文档】对话框;设置影片尺寸为 550×400 像素,背景为黑色;单击【确定】按钮,新建一个空白文档。

②执行【插入】→【新建元件】命令,在打开的【创建新元件】对话框中创建一个名为【预载入动画】的影片剪辑。

③在【预载入动画】影片剪辑的编辑窗口中,选择工具箱中的【文本工具】T,在舞台中央位置输入文字"Loading",如图 6-21 所示。

④选中文字,执行【修改】→【分离】命令,将文本打散为单个字符。

⑤再次执行【修改】→【分离】命令,将文本打散为形状,再复制【图层 1】上的文字。

图 6-21　输入文字

贴心·提示

打散的文字不再属于文本,而属于图形,这时可以像对图形那样改变形状,也可以添加不同的色彩。这项操作主要用于制作艺术字。

⑥新建【图层 2】,并在舞台上单击右键,在弹出的快捷菜单中选择【粘贴到当前位置】命令,使【图层 1】和【图层 2】的内容相同。

任务 2　制作空心字

操作步骤

①选择工具箱中的【墨水瓶工具】,为【图层 1】上的文本添加边框,效果如图 6-22 所示。

图 6-22　为【图层 1】上的文字添加边框

②依次单击【图层 1】文字的内部填充色，并按【Delete】键将其内部填充色删除，使其变成空心字。

贴心·提示

　　静态文本是最常用的一种文本形式，在影片中加入文字修饰基本都是使用该类文本，其最终效果，取决于影片中的编辑操作。

　　动态文本也是比较常用的一种文本形式，这种文本形式可借助代码，实现文本不定时更新。在动态文本的【属性】面板中可以修改字体、颜色等，但是动态文本没有修改横竖排列的选项，文本只能呈水平排列。当动画中包含动态文本或输入文本的时候，只有在导出影片的时候才能进行测试看到结果，文本在编辑状态的显示与最后导出时的显示可能是不一样的。

任务 3　创建遮罩层

　　①分别在【图层 1】和【图层 2】的第 20 帧按【F5】键插入普通帧。

　　②新建【图层 3】，使用【矩形工具】画一个无边框的矩形，如图 6-23 所示。

　　③选择【图层 3】的第 20 帧，按【F6】键插入关键帧；改变矩形的位置，使矩形盖住文字，如图 6-24 所示。

图 6-23　绘制矩形　　　　　　　　　　**图 6-24　移动矩形位置**

　　④在【图层 3】的第 1 帧～第 20 帧之间右击任意一帧，在弹出的快捷菜单中选择【创建补间动画】；选中【图层 2】，单击鼠标右键，在弹出的快捷菜单中选择【遮罩层】命令。

⑤返回主场景,把"预载入动画"元件拖入到【图层 1】的第 1 帧;选中第 2 帧,按【F5】键插入普通帧。

⑥新建【图层 2】,在第 1 帧和第 2 帧分别插入关键帧。

⑦单击【图层 2】的第 1 帧,按【F9】键打开【动作】面板;在【动作】面板中按图 6-25 所示添加动作代码。

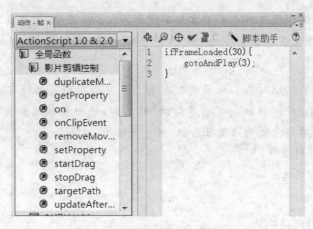

图 6-25 添加预载动画控制脚本语句

⑧单击【图层 2】的第 1 帧,按【F9】键打开【动作】面板,在【动作】面板中按图 6-26 所示添加动作代码。

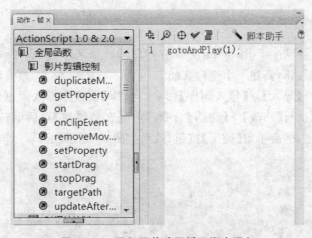

图 6-26 添加预载动画循环脚本语句

⑨按【Ctrl】+【Enter】快捷键测试动画。

项目小结

对于一个较大的格式为".swf"的文件,可能需要较多的下载时间,虽然 Flash 软件支持流媒体的播放方式,但如果下载的速度跟不上动画的播放速度,动画在播放时就会出现停顿现象。为了解决这一问题,可以等整个文件都下载完之后再开始播放动画。在等待下载的过程中,可以先播放一个比较容易下载的动画,提示正在进行下载。

项目 5　制作动态特效文字"变幻文字"

项目描述

在制作动画时,文字的动态效果常常必不可少。在本项目中,需要让文字后的背景不停地变化从而形成动态文字。该作品大小为 768×982 像素,帧频为 12fps。

项目分析

通过前面单元的学习,对基本动画的制作有了一定的了解。该项目在前面知识的基础上,通过【文本工具】、"补间动画"和"遮罩动画"的结合,进一步熟练并灵活掌握 Flash 动画的制作。因此,本项目可分解为以下任务:

任务 1　创建补间动画。

任务 2　制作静态文字。

项目目标

● 掌握遮罩层的创建方法。

● 掌握补间动画的制作方法。

任务 1　制作补间动画

操作步骤

①启动 Flash CS3 后,单击【新建】按钮 ,打开【新建文档】对话框;设置文件大小及帧频,然后单击【确定】按钮,新建一个空白文档。

②执行【新建】→【导入】→【导入到库】命令,向【库】面板中导入素材图片"6.5.jpg",并将其拖曳到舞台上;执行【修改】→【文档】命令,打开【文档属性】对话框;在【匹配】选项组中选中"内容"单选按钮,然后单击【确定】按钮,效果如图 6-27 所示。

图 6-27　导入图像

③选中【图层 1】,将导入的图片向左移出舞台一部分,如图 6 - 28 所示。

④选中【图层 1】的第 40 帧,按【F6】键插入关键帧,并将图片向右移出舞台一部分,如图 6 - 29 所示。

图 6 - 28　将图片向左移动

图 6 - 29　将图片向右移动

⑤在【图层 1】的第 1 帧～第 40 帧之间右击任意一帧,在弹出的快捷菜单中选择【创建补间动画】命令。

任务 2　制作静态文字

操作步骤

①新建【图层 2】,选择工具箱中的【文本工具】**T**,并且在【属性】面板上设置文本的属性,如图 6 - 30 所示。

②在舞台中央输入"happy"。选中"happy",执行【修改】→【分离】命令,将文字打散为单个字符。

图 6-30 设置【文本工具】属性

③再次执行【修改】→【分离】命令，将文字打散为形状，如图 6-31 所示。

图 6-31 将文字打散为形状

④选中【图层 2】的第 40 帧，按【F5】键插入普通帧，并根据实际情况调整文字位置。

⑤选中【图层 2】，单击鼠标右键，在弹出的快捷菜单中选择【遮罩层】命令，使【图层 2】转化为【遮罩层】。

⑥按【Ctrl】+【Enter】快捷键测试动画。

项目小结

　　一个完整且精彩的动画需要一定的文字作为修饰。文字的表现形式非常丰富，合理地使用【文本工具】，再加上学习的动画知识，两者之间适当结合，可以使动画的效果更加完美。

单 元 小 结

本单元共完成 5 个项目，学习后应有以下收获：

- 掌握多图层动画的制作方法。
- 掌握引导动画的制作方法。
- 掌握遮罩动画的制作方法。
- 能合理地使用图层。

实 训 练 习

(1)参照多图层动画的制作,制作"奥运五环"。

提示　每个圆环单独使用一个图层。

(2)参照运动引导层动画的制作,制作"飘落的树叶"。

提示　树叶的飘落路线使用【铅笔工具】绘制。

(3)参照遮罩动画的制作,制作"探照灯"效果。

提示　使用不断移动的圆形作为遮罩层。

(4)制作预载入动画。

提示　尝试使用不同的动画作为预载时的状态。

(5)制作动态文字"飘落的文字"效果。

提示　注意文字与引导层的结合使用。

第 **7** 单 元

处理动画片中所需素材

在 Flash 动画制作过程中所需的素材,除了直接在 Flash 中创作外,还可以从外部导入。Flash CS3 提供的导入功能,可以将图像文件、音频文件、视频文件等导入到文档中作为动画素材使用;同时,还可以通过打开外部库功能将其他 Flash 源文件中的素材复制到当前文档中进行使用。本单元将讲解在 Flash CS3 中导入各种类型动画素材的操作方法和技巧。

本单元按以下 5 个项目进行:

项目 1 处理导入的图像。

项目 2 应用影片剪辑。

项目 3 在 Flash 中导入视频。

项目 4 在时间轴中添加声音。

项目 5 制作并使用发光按钮。

项目 1　处理导入的图像

项目描述

本项目将使用 Flash CS3 的导入图像功能制作一个美丽的动画场景。本作品大小为 500×400 像素，帧频为 12fps，效果如图 7−1 所示。

图 7−1　效果图

项目分析

制作该项目首先需要导入图片，然后通过制作影片剪辑，形成一渐显的动画，最后添加上文字。因此，本项目可分解为以下任务：

任务 1　导入背景图片。

任务 2　制作背景渐显动画。

任务 3　制作标题。

项目目标

- 掌握导入图像的方法。
- 掌握渐显动画的制作方法。

任务 1　导入背景图片

操作步骤

① 新建一个 Flash 文档，设置文档尺寸为 550×400 像素，其他文档属性使用默认参数。

② 将【图层 1】重命名为【背景】。

③ 选中【背景】层的第 1 帧，执行【文件】→【导入】→【导入到舞台】命令，打开【导入】对话框，如图 7−2 所示。选中需要导入的图像"yun.jpg"，单击【打开】按钮，将该素材导入到舞台。

图 7-2 【导入】对话框

④选中舞台中的背景图片，打开【属性】面板，设置图片宽、高分别为 550 像素、400 像素，效果如图 7-3 所示。

图 7-3 舞台中的图片效果

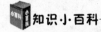知识·小·百科

1. 图像素材的格式

图像是 Flash 动画制作中最常用的素材之一。Flash CS3 中可以导入各种文件格式的矢量图形和位图，从而给动画素材的制作带来极大的方便。

矢量格式包括：FreeHand 文件、Adobe Illustrator 文件、EPS 文件或 PDF 文件。位图格式包括：JPG、GIF、PNG、BMP 等格式。

（1）FreeHand 文件。在 Flash 中导入 FreeHand 文件时，可以保留层、文本块、库元件和页面，还可以选择要导入的页面范围。

（2）Illustrator 文件。此文件支持对曲线、线条样式和填充信息非常精确的转换。

（3）EPS 文件或 PDF 文件。可以导入任何版本的 EPS 文件以及 1.4 版本或更低版本的 PDF 文件。

（4）JPG 格式。是一种压缩格式，可以应用不同的压缩比例对文件进行压缩。压缩后，文件质量损失小，文件容量大大降低。

（5）GIF 格式。即位图交换格式，是一种 256 色的位图格式，压缩率略低于 JPG 格式。

（6）PNG 格式。能把位图文件压缩到极限以利于网络传输，能保留所有与位图品质有关的信息。PNG 格式支持透明位图。

（7）BMP 格式。在 Windows 环境下使用最为广泛，而且使用时最不容易出问题。但由于文件容量较大，一般在网上传输时，不考虑该格式。

2. 导入图像的方法

可以通过导入或粘贴的方法将素材引入到 Flash CS3 中。

1）导入到舞台

方法　执行【文件】→【导入】→【导入到舞台】命令，或按【Ctrl】+【R】快捷键，在打开的【导入】对话框中选取导入的图像，然后单击【打开】按钮即可将图像导入到舞台上。当导入图像到舞台上时，舞台上显示出该图片，同时该图片也被保存在【库】面板中。

2）导入到库

方法　执行【文件】→【导入】→【导入到库】命令，会打开【导入到库】对话框，如图 7 - 4 所示。选取要导入的图片后，单击【打开】按钮即可将图像导入到库中。当导入图片到【库】面板时，舞台上不显示该图片，只在【库】面板中进行显示，如图 7 - 5 所示。

图 7 - 4　【导入到库】对话框　　　　　　　图 7 - 5　【库】面板

3）外部粘贴

可以将其他程序或文档中的位图粘贴到 Flash CS3 的舞台中。

方法　在其他程序或文档中复制图像，按【Ctrl】+【V】组合键，可直接将复制的图像粘贴到 Flash CS3 文档的舞台中。

任务 2 制作背景渐显动画

操作步骤

①用鼠标右击背景图片,在弹出的快捷菜单中选择【转换为元件】命令,弹出【转换为元件】对话框;在【名称】文本框中输入"背景",在【类型】选项组中单击"影片剪辑"单选按钮,如图 7-6 所示。

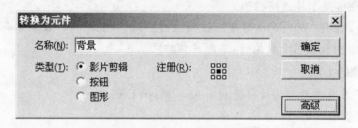

图 7-6 【转换为元件】对话框

②单击【确定】按钮,即可将背景图片转换为影片剪辑元件。此时在【库】面板中会出现一个名为"背景"的影片剪辑元件,如图 7-7 所示。

图 7-7 【库】面板

③选中【背景】层的第 30 帧,按【F5】键插入一个普通帧;选中第 10 帧,按【F6】键插入一个关键帧。此时的时间轴状态如图 7-8 所示。

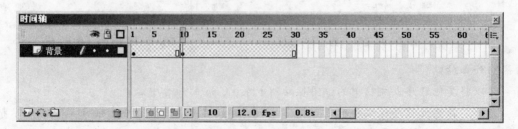

图 7-8 时间轴状态

122

④选择【背景】层第 1 帧的"背景"元件,在【属性】面板中的【颜色】下拉列表框中选择【Alpha】选项,设置【Alpha】值为 0%,如图 7 - 9 所示。

图 7 - 9　设置 Alpha 值为 0%

⑤用鼠标右击【背景】层上第 1 帧~第 10 帧之间的任意一帧,在弹出的快捷菜单中选择【创建补间动画】命令,为【背景】层创建补间动画,如图 7 - 10 所示。

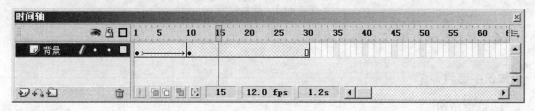

图 7 - 10　创建补间动画

任务 3　制作标题

操作步骤

①新建图层并重命名为"标题";选中第 10 帧,按【F7】键插入空白关键帧。

②使用【文本工具】在舞台上输入文本"海滨城市",设置其【字体】为"华文行楷",【大小】为"50",【文本颜色】为"♯FFFF00",位置坐标 X、Y 分别为"160"、"50",如图 7 - 11 所示。

图 7 - 11　文字的属性设置

③此时的时间轴状态如图 7 - 12 所示,舞台效果如图 7 - 13 所示。

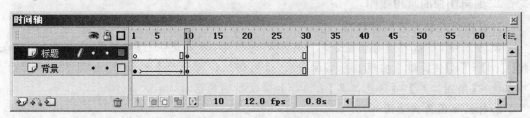

图 7 - 12　时间轴状态

123

图 7-13　舞台效果

④保存并测试影片,完成动画的制作。

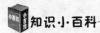知识小·百科

1. 设定位图

对于导入的位图,用户可以根据需要,消除锯齿从而平滑图像的边缘;选择【压缩】选项以减小位图文件的大小;格式化文件,以便在 Web 上显示。这些变化都需要在【位图属性】对话框中进行设定。

在【库】面板中双击位图图标,弹出【位图属性】对话框,如图 7-14 所示。

图 7-14　【位图属性】对话框

2. 编辑图像的常用操作

1)将图像转换为可编辑状态

使用 Flash CS3 可以将位图分离为可编辑的图形,方法是执行【修改】→【分离】命令或用【Ctrl】+【B】快捷键来实现。分离位图后,位图仍然保留它原来的细节,如图 7-15 所示。可以使用【绘图工具】和【涂色工具】来选择和修改位图的区域,如图 7-16 所示。

2)转换位图为矢量图

方法　选中位图,执行【修改】→【位图】→【转换位图为矢量图】命令,打开【转换位图为矢量图】对话框,如图 7-17 所示。设置参数后,单击【确定】按钮,则位图转换为矢量图。

　　　　　　a　　　　　　　　　　　　　　　　b

图 7-15　分离图形前(a)分离图形后(b)

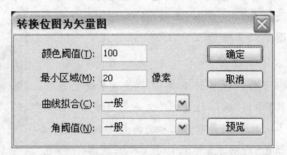

图 7-16　分离后图形可用涂色工具修改　　　**图 7-17　【转换位图为矢量图】对话框**

3)去除图像背景

　　方法　先将图像打散,然后选择【套索工具】,此时工具面板下方出现【魔术棒】按钮,设置【魔术棒】图标处在"按下"状态,当光标变成魔术棒形状时,在背景处单击鼠标左键,则会发现整个背景都被选中,然后按【Delete】键将其删除,可去除纯色或近似颜色的背景,如图 7-18所示。

　　　　　　a　　　　　　　　　　　　　　　　b

图 7-18　原图像(a)去掉背景的效果(b)

项目小结

    Flash CS3 导入图像的功能不但能极大地丰富影片画面,而且还提高了制作效率。Flash CS 3 中能导入的图像格式主要有 JPG、GIF、PNG 等。导入图像的方法很多,主要有导入到舞台、导入到库、外部粘贴等。在 Flash 中导入位图后,可以对所导入的位图进行分离,或者将其转换为矢量图;还可以设置导入位图的属性;对于背景图像,可将其分离(打散),然后借助【套索工具】的魔术棒选项将其删除。

项目 2 应用影片剪辑

项目描述

    在星光灿烂的夜晚,仰望星空,五颜六色的气球依次升起,在空中飘浮。本 Flash 作品尺寸为 550×400 像素,帧频 12fps,效果如图 7-19 所示。

项目分析

    制作该项目首先需要使用【椭圆形工具】绘制"漂浮的气球"这一影片剪辑,然后多次拖入到舞台中,通过调整实例的大小、颜色、透明度、起始位置,来实现各种颜色迥异、大小不同的气球漂浮的效果。因此,本项目可分解为以下任务:

    任务 1 制作影片剪辑元件。

    任务 2 修改舞台上的实例。

图 7-19　"漂浮的气球"效果

项目目标

● 掌握影片剪辑的创建和调用方法。

● 掌握实例的修改方法。

任务 1　制作影片剪辑元件

操作步骤

    ①新建一个 Flash 文档,执行【插入】→【新建元件】命令,打开【创建新元件】对话框;设置类型为"影片剪辑",名称为"气球飞",如图 7-20 所示;单击【确定】按钮,新建一元件。

    ②利用【椭圆工具】绘制气球主体,设置填充颜色为"＃ff0063";单击【刷子工具】,并选择填充颜色为"＃ff0063",设定好刷子大小,绘制气球下部线条;重新选择填充颜色为白色,设定适当大小的刷子,给气球添加光晕,效果如图 7-21 所示。

    ③在【图层 1】的 65 帧处按【F6】键插入关键帧,创建气球的运动补间动画,然后在上面

添加引导层。时间轴效果如图 7 - 22 所示。

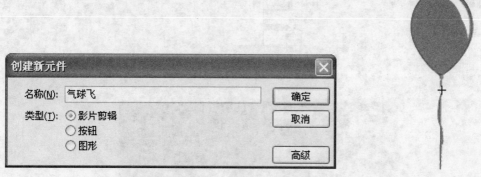

图 7 - 20　【创建新元件】对话框

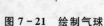

图 7 - 21　绘制气球

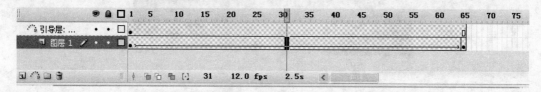

图 7 - 22　时间轴效果

❹绘制气球向上漂浮的路径,效果如图 7 - 23 所示。

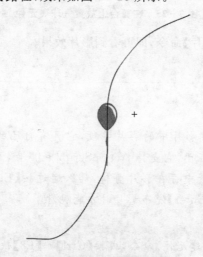

图 7 - 23　绘制漂浮路径

任务 2　修改舞台上的实例

操作步骤

①返回主场景,导入一张背景图片,利用【任意变形工具】调整图片,布满整个屏幕。

②将库中的"气球飞"元件多次拖放到舞台上,分布在舞台的中下部为好;在【属性】面板中调整各个实例的大小、颜色(色调)、亮度、透明度(Alpha),如图 7 - 24 所示。舞台效果如

图 7-25 所示。

图 7-24 【属性】面板

图 7-25 在舞台上放置气球飞元件

③执行【控制】→【测试影片】命令,即可看到影片效果。

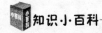知识·小·百科

1. 影片剪辑的含义

影片剪辑是包含在 Flash 影片中的影片片段,它具有自己的时间轴和属性。影片剪辑元件与图形元件的主要区别在于,它支持 ActionScript 和声音,具有交互性,是用途最广、功能最多的对象。如果在主场景中存在影片剪辑,那么通过按【Enter】键是不能观看动画的,而需要通过快捷键【Ctrl】+【Enter】发布影片时才能观看。

2. 影片剪辑元件的创建

方法 执行【插入】→【新建元件】命令,或按【Ctrl】+【F8】快捷键,打开【创建新元件】对话框,在对话框中设置【类型】为"影片剪辑",单击【确定】按钮即可创建影片剪辑元件。

3. 影片剪辑元件的编辑

方法 1 在库文件列表中双击该影片剪辑元件的图标,打开后进行编辑。

方法 2 在库文件列表中选定该影片剪辑元件,在预览窗口中双击它,打开后进行编辑。

方法 3 在库文件列表中右击该影片剪辑元件,在弹出的快捷菜单中选择【编辑】命令。

方法 4 在库文件列表中选定该影片剪辑元件,单击【库】面板标题栏右侧的下拉菜单按钮,在弹出的下拉菜单中选择【编辑】命令。

项目小结

影片剪辑是 Flash 中最具交互性、用途最多、功能最强的对象。它基本上是一个小的独立电影，可以包含交互式控件、声音或其他影片剪辑示例。作为 Flash 元件的一个重要类型，影片剪辑在动画制作中一直发挥着不可替代的作用，合理地运用影片剪辑可以制作出很多奇特的效果。

项目 3　在 Flash 中导入视频

项目描述

本项目将使用 Flash CS3 的导入视频文件的功能来制作一个"在线影视"的效果，动画演示的是一小段影片在"电视"上播放的过程，效果如图 7-26 所示。本作品文档大小 550×380 像素，帧频 24fps。

项目分析

制作该项目首先需要导入一张图片作为视频显示的外框架，然后建立"开场特效"的形状补间动画，模拟电视打开播放影像的效果，最后导入一个视频。因此，本项目可分解为以下任务：

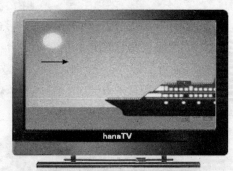

图 7-26　"在线影视"效果

任务 1　导入背景。

任务 2　制作开场特效。

任务 3　导入视频。

项目目标

● 掌握视频的导入方法。

● 掌握开场特效动画的创建方法。

任务 1　导入背景

操作步骤

①新建一个 Flash 文档，设置文档尺寸为 550×380 像素、帧频为 24fps，其他文档属性参数为默认值。

②将【图层 1】重命名为【电视】，执行【文件】→【导入】→【导入到舞台】命令，将素材图片"电视 1. png"导入到舞台中，并与舞台"居中对齐"，效果如图 7-27 所示。

图 7-27　导入背景

任务 2 制作开场特效

操作步骤

①新建一个图层并命名为"开场特效";分别选中【电视】图层和【开场特效】图层的第 16 帧,按【F5】键插入一个普通帧,时间轴状态如图 7 - 28 所示。

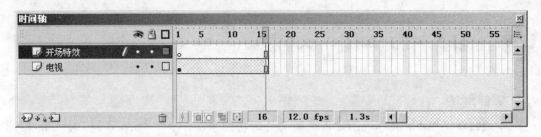

图 7 - 28 时间轴状态

②选中【开场特效】层的第 1 帧,然后选择【矩形工具】,在【属性】面板中设置其【笔触颜色】为"无"、【填充颜色】为"黑色",在舞台上绘制一个矩形,并调整其宽、高分别为 466 像素、255 像素,位置坐标 X、Y 分别为 43、34,效果如图 7 - 29 所示。

③选中【开场特效】图层的第 8 帧,按【F6】键插入一个关键帧,然后调整矩形的【填充颜色】为"白色",舞台效果如图 7 - 30 所示。

图 7 - 29 第 1 帧舞台效果

图 7 - 30 调整矩形颜色为白色

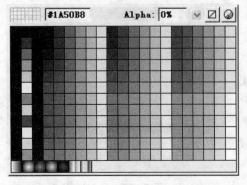

图 7 - 31 设置矩形的 Alpha 值

④选中【开场特效】图层的第 16 帧,按【F6】键插入一个关键帧,然后调整矩形【填充颜色】的【Alpha】值为 0%,如图 7 - 31 所示。

⑤选中【开场特效】图层的第 1 帧～第 8 帧之间的任意一帧,然后在【属性】面板的【补间】下拉列表框中选择【形状】选项,如图 7 - 32 所示,从而为第 1 帧～第 8 帧之间创建形状补间动画。

⑥用同样的方法在【开场特效】图层的第 8 帧～第 16 帧之间创建形状补间动画,此时的

时间轴状态如图 7-33 所示。

图 7-32　设置补间动画属性

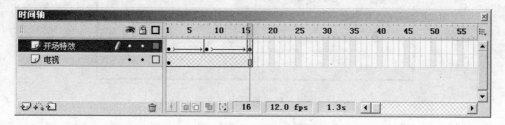

图 7-33　时间轴状态

任务3　导入视频

操作步骤

①在【开场特效】图层上面新建一个图层并命名为"影视文件",然后选中第 8 帧,按【F7】键,插入一个空白关键帧。

②在【影视文件】图层第 8 帧处,执行【文件】→【导入】→【导入视频】命令,打开【导入视频】对话框,如图 7-34 所示。

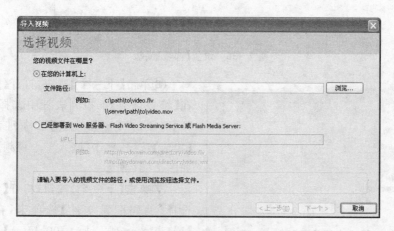

图 7-34　【导入视频】对话框

③单击【浏览】按钮,打开【打开】对话框,在【查找范围】下拉列表框中选择视频的路径,并选择需要导入的视频文件"ship. avi",如图 7-35 所示。

④单击【打开】按钮,返回【导入视频】对话框。

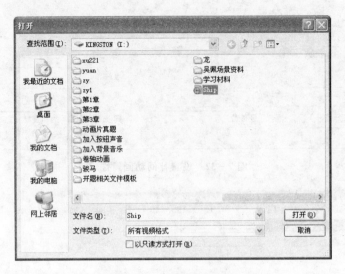

图 7-35 选择视频文件

⑤单击【下一个】按钮,打开【部署】面板;单击【在 SWF 中嵌入视频并在时间轴上播放】单选按钮,如图 7-36 所示。

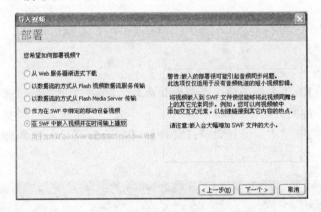

图 7-36 设置【部署】面板

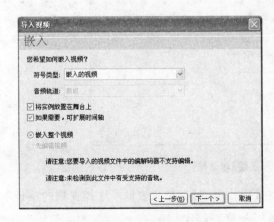

图 7-37 设置【嵌入】面板

⑥单击【下一个】按钮,打开【嵌入】面板;在【符号类型】下拉列表框中选择【嵌入的视频】选项;在【音频轨道】下拉列表框中选择【集成】选项;单击【嵌入整个视频】单选按钮,如图 7-37 所示。

⑦单击【下一个】按钮,打开【编码】面板;选择【编码配置文件】选项卡,在其中选择【Flash 8-高品质(700kbps)】选项,如图 7-38 所示。

⑧单击【下一个】按钮,打开【完成视频导入】面板,如图 7-39 所示

⑨单击【完成】按钮,Flash 将开始按照

图 7 - 38　【编码】面板

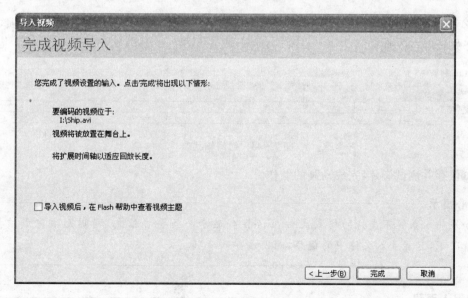

图 7 - 39　【完成视频导入】面板

先前配置导入视频,如图 7 - 40 所示。

❿导入完成后视频将被显示到舞台中,并在【库】面板中显示出导入的视频,如图 7 - 41 所示。

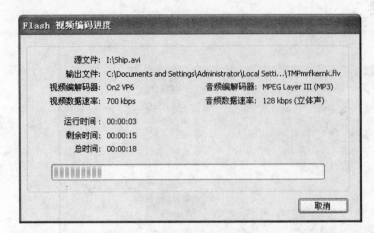

图 7-40　导入进度

图 7-41　【库】面板

⑪选择舞台中的视频,在【属性】面板中设置其属性,如图7-42所示。

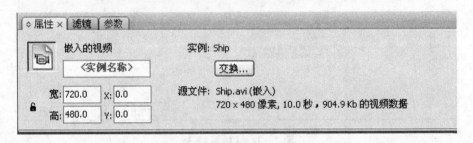

图 7-42　视频的【属性】面板

⑫分别选中【电视】图层和【开场特效】图层的第128帧,按【F5】键插入一个普通帧,时间轴状态如图7-43所示。

图 7-43　时间轴状态

⑬保存并测试影片,完成动画的制作。

贴心·提示

　　如果导入系统不支持的格式文件,Flash会显示一条警告信息,指明无法完成该操作。有些情况下,只能导入文件中的视频,而无法导入音频。

知识小·百科

　　在Flash CS3中可以导入的视频素材格式有:MOV(QuickTime影片)、AVI(音频视频交叉文件)、FLV(Flash视频文件)和MPG/MPEG(运动图像专家组文件),最终将带有嵌入视频的Flash CS3文档以SWF格式的文件发布,或将带有链接视频的Flash CS3文档以

MOV 格式的文件发布。

1. 导入 Flash CS3 视频（FLV）文件

Flash 视频（FLV）文件格式可以导入或导出带编码音频的静态视频流。此格式可以用于通信应用程序，如视频会议。

2. 导入 QuickTime 影片

如果要导入 QuickTime 视频剪辑，可以从 Flash 文件链接到该视频，而不是嵌入该视频。导入到 Flash CS3 中的 QuickTime 影片链接并不会成为 Flash CS3 文件的一部分，而是在 Flash CS3 中保留指向该源文件的指针。如果链接到一个 QuickTime 视频，则必须将该动画作品发布为 QuickTime 影片。

3. 导入 AVI 影片

在【属性】面板中可以更改导入视频的属性。选中视频，选择【窗口】→【属性】命令，弹出视频【属性】面板，在其中设置即可。

项目小结

如果操作系统安装了 Quicktime 6.5 或更高版本，或安装了 Directx 9.0C 或更高版本，则能导入包括 MOV、AVI 和 MPG/MPEG 等格式的文件，也可以导入 MOV 格式的链接视频剪辑，还可以将带有嵌入视频的 Flash 文档发布为 SWF 文件。

项目 4　在时间轴中添加声音

项目描述

本项目设计一个小鸟在天空中飞翔，越飞越远的动画，伴随有鸟鸣，随着鸟的离去，声音越来越小。作品尺寸为 550×400 像素，帧频为 12fps，效果如图 7-44 所示。

图 7-44　小鸟飞翔效果

项目分析

制作该项目需要建立一个影片剪辑元件、一个小鸟的引导层动画,然后为动画添加声音,并把声音效果设置为"淡出"。因此,本项目可分解为以下任务:

任务1　制作小鸟飞翔动画。

任务2　为动画添加声音。

任务3　设置及编辑声音效果。

项目目标

● 掌握作品中引入声音的方法。

● 了解音频的属性及编辑方法。

任务1　制作鸟儿飞翔动画

操作步骤

①将【图层1】改名为"背景",执行【文件】→【导入】→【导入到舞台】命令,将素材图片"春光"导入到舞台,并利用【任意变形工具】调整其覆盖整个屏幕;在第25帧处按【F5】键插入普通帧,实现静帧延续。

②鸟翅膀的扇动是通过一系列的图片切换来实现动画效果的。执行【插入】→【新建元件】命令,打开【创建新元件】对话框,设置类型为"影片剪辑",名称为"飞翔",单击【确定】按钮。

③执行【文件】→【导入】→【导入到库】命令,分别将素材图片"bird01. gif""bird02. gif""bird03. gif""bird04. gif""bird05. gif"导入到库中。

④从第1帧～第5帧,分别按5次【F7】键插入5个空白关键帧,然后在该5帧中依次将库中的5张图片拖入到舞台中;打开【对齐】面板,分别单击【相对于舞台】按钮❑、【水平中齐】按钮岛,【垂直中齐】按钮❒,将图片置于舞台中心处。【对齐】面板如图7-45所示。

⑤由于每张图片均为位图,需将其转换成矢量图。执行【修改】→【位图】→【转换位图为矢量图】命令,打开【转换位图为矢量图】对话框,参数设置如图7-46所示。

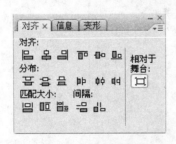

图7-45　【对齐】面板

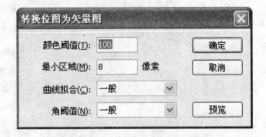

图7-46　【转换位图为矢量图】对话框

⑥单击【确定】按钮,利用【选择工具】单击飞鸟后面背景,按【Delete】键,去掉白色背景,效果如图7-47所示。

⑦对每一张图片均按第4、第5、第6步方法重复处理。

⑧返回主场景,在【背景】层上新建一图层,改名为"小鸟";将"飞翔"元件拖到舞台中。

a　　　　　　　　　　b　　　　　　　　c

图 7 - 47　原图(a)矢量图(b)去掉白色背景(c)

⑨在【时间轴】面板上单击【添加运动引导层】按钮 🖼️，在【小鸟】层上添加一引导层，用【铅笔工具】✏️绘制鸟飞行的路线；移动"飞翔"实例到引导线的右侧，并使其中心吸附到引导线上，如图 7 - 48 所示。

图 7 - 48　绘制引导线

⑩在【引导层】的 25 帧处，按【F5】键插入普通帧。

⑪在【小鸟】层 25 帧处，按【F6】键插入关键帧。选择第 1 帧，单击鼠标右键，在弹出的快捷菜单中选择【创建补间动画】命令，时间轴如图 7 - 49 所示。

	👁️ 🔒 ⬜	1　　5　　　10　　15　　20　　25
🌀 引导层：…	• • ⬛	
🔲 小鸟	✏️ • ⬜	
🔲 背景	• • ⬜	

图 7 - 49　【时间轴】面板

⑫单击【小鸟】层的第 25 帧，移动"飞翔"实例到引导线的左侧，并使其中心吸附到引导线上。

⑬选择【小鸟】层的实例，利用【任意变形工具】🔲，按【Shift】键等比例缩小实例，如图 7 - 50 所示。

⑭保存文件，执行【控制】→【测试影片】命令观看效果。

137

图 7-50 调整实例大小

任务 2 为动画添加声音

操 作 步 骤

①在【引导层】上方新建一图层【图层 4】;执行【文件】→【导入】→【导入到库】命令,将素材音频文件"鸟鸣.wav"导入到库中。

②在【时间轴】面板中,单击【图层 4】的第 1 帧;在【属性】面板中,单击面板右侧的【声音】选项,在下拉列表中选择"鸟鸣.wav"音频文件。

③在【同步】选项第 1 个下拉列表中选择"事件",在第 2 个下拉列表中选择"循环",如图 7-51 所示。此时时间轴面板如图 7-52 所示。

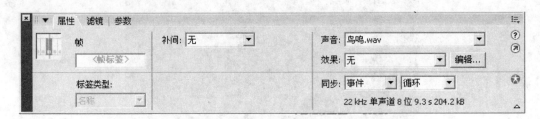

图 7-51 设置声音【属性】面板

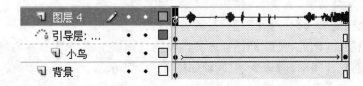

图 7-52 时间轴面板

知识·小·百科

1. Flash 中支持的常用音乐格式

Flash 中不能自己创建或录制音乐,编辑动画所使用的音乐素材都要从外部以文件的形式导入到 Flash 中。能直接导入到 Flash 中的声音文件格式包括 WAV 和 MP3 两种。如果系统上安装了 QuickTime 4 或更高版本,则还可以导入 AIFF 格式和 AU 格式文件。

1)WAV 格式

WAV 格式直接保存对声音波形的采样数据,数据没有经过压缩,所以音质很好。但 WAV 格式文件有一个致命的缺陷,因为对数据采样时没有压缩,所占磁盘空间很大。

2)MP3 格式

MP3 格式是一种压缩的声音文件格式。同 WAV 格式相比,MP3 格式的文件信息量只有 WAV 格式的十分之一。其优点为容量小、传输方便、声音质量较好,已经被广泛应用到电脑音乐中。

3)AIFF 格式

AIFF 格式是苹果公司开发的一种声音文件格式,支持 MAC 平台,支持 16 位 44kHz 立体声。只有系统上安装了 QuickTime 4 或更高版本,才可使用此声音文件格式。

4)AU 格式

SUN 公司的 AU 压缩声音文件格式,只支持 8 位的声音,是互联网上常用到的声音文件格式。只有系统上安装了 QuickTime 4 或更高版本,才可使用此声音文件格式。

音频要使用大量的磁盘空间和内存。但是 MP3 声音数据经过了压缩,比 WAV 或 AIFF 声音数据小。通常,当使用 WAV 或 AIFF 文件时,最好使用 16 位 22kHz 单声,因为 Flash 只能导入采样比率为 11kHz、22kHz 或 44kHz,8 位或 16 位的声音。在导出时,Flash 会把声音转换成采样比率较低的声音。

2. 设置同步属性

单击声音【属性】面板的【同步】下拉按钮,在弹出的下拉菜单中选择需要的选项:

● "事件"　声音的播放与事件的发生同步。声音在它的起始关键帧开始播放,并不受时间轴控制。即使影片播放完毕,声音也继续播放,直到此声音文件播放完毕为止。采用该方式的声音文件必须完全下载后才能够播放。该方式的声音文件最好短小,常用于制作按钮声音或各种音效。

● "开始"　与"事件"选项的功能相近,但如果声音正在播放,使用"开始"选项则不会播放新的声音实例。

● "停止"　停止播放指定的声音。

● "数据流"　声音与时间轴保持同步。声音文件可以一边下载一边播放,当影片播放完毕,声音也随之终止。主要用于制作背景音乐或 MTV。

3. 设置播放次数

在【声音】属性中的"声音循环"下拉列表中可以控制声音的重复播放:

● "重复"　需要输入一个值,以指定声音循环播放的次数。

● "循环"　连续重复播放声音。

注意

如果在【同步】下拉列表中选择"数据流",声音将一直播放;如果选择"事件",则声音在到达时间轴中的终点时就会停下来。可以通过在声音图层中加入更多的帧来延长声音的播放时间。在编辑过程中按【Enter】键可以测试声音;也可按【Ctrl】+【Enter】键通过测试影片方法测试。

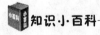 **设置及编辑声音效果**

对于添加到时间轴上的声音,可以通过编辑声音效果或通过声音的【属性】面板对声音进行恰当设置,以便更好地发挥声音的效果。

操作步骤

①在时间轴上,选择包含声音文件的第 1 帧;在声音【属性】面板中,从【效果】下拉列表中选择声音效果选项,如图 7-53 所示。

图 7-53　声音效果

②在下拉列表中包含有:
- "无"　无特效。
- "左声道"　只在左声道播放声音。
- "右声道"　只在右声道播放声音。
- "从左到右淡出"　声音从左向右渐变。
- "从右到左淡出"　声音从右向左渐变。
- "淡入"　在声音的持续时间内逐渐放大。
- "淡出"　在声音的持续时间内逐渐减小。
- "自定义"　创建自己定制的声音效果。

在这里选择"淡出",形成鸟越飞越远,鸟鸣声越来越小的效果。

知识小·百科

1. 声音的编辑

如果在声音【属性】面板中选择自定义或单击【编辑】按钮,可以打开声音【编辑封套】对话框,如图 7-54 所示。使用此控件可以改变声音开始播放和停止播放的位置或调整音量的大小。

(1)要改变声音的起始点和终止点:拖动"开始时间"和"停止时间"控件。

(2)要更改音量大小:拖动封套手柄来改变声音中不同点处的音量大小。封套线显示声音播放时的音量。

(3)添加封套手柄:单击封套线创建新的封套(最多可达 8 个)。

(4)删除封套手柄:将封套手柄拖出窗口。

(5)改变窗口中显示的声音长度:单击【放大】或【缩小】按钮。

(6)在秒和帧之间切换时间单位:单击【秒】和【帧】按钮。

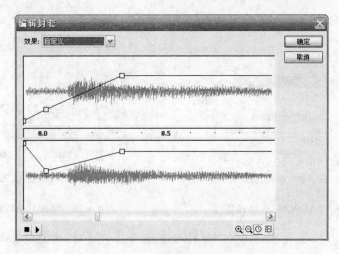

图 7 - 54　【编辑封套】对话框

(7)试听编辑后的声音:单击【播放】按钮。

2. 声音的压缩与属性设置

Flash 在输出动画时会采用默认设置对声音进行压缩。如果要自行设置适当的压缩比例与理想的声音品质,可以使用 Flash 声音【属性】面板进行设置。

Flash 提供了对音频文件的压缩功能,合理设置压缩参数可以减小文件信息量。压缩的方法是:在元件库中双击声音文件前的图标,或者选中库中的音频文件,单击元件库下方的按钮,都可以打开【声音属性】对话框,进行相应的设置即可。

图 7 - 55　【声音属性】对话框

3. 声音属性的设置方法

(1)双击【库】面板中的【声音文件】图标或右击声音图标,在弹出的快捷菜单中选择【属性】命令,打开【声音属性】对话框,如图 7 - 55 所示。

(2)去掉【使用导入的 MP3 品质】项的勾选。

(3)打开【压缩】框下拉菜单。

● ADPCM　用于 8 位或 16 位声音数据的压缩设置。适用于单击按钮等短事件声音,具体设置如图 7 - 56 所示。

● 预处理　勾选【将立体声转换为单声道】会将混合立体声转换为单声道。

● 采样率　用于决定导出的声音文件每秒播放的位数。采样比率较低可以减小文件信息量,但也会降低声音品质。11kHz 是最低的建议声音品质;22kHz 是用于 Web 播放常用选择;44kHz 是标准的 CD 音频比率。

● ADPCM 位　输出时的转换位数,位数越多,音效越好,但文件越大。

● MP3　用 MP3 压缩格式导出声音。当导出乐曲较长的音频流时使用,具体设置如图 7－57 所示。

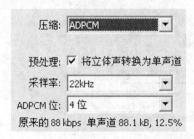

图 7－56　"ADPCM"选项设置栏　　　　　图 7－57　"MP3"选项设置栏

● 比特率　Flash 支持 8Kbps 到 160Kbps。当导出声音时,需要将比特率设为 16Kbps 或更高,以获得最佳效果。

● 品质　用以确定压缩速度和声音质量。其下拉列表中有"快速","中","最佳"3 个选项。快速:压缩速度最快,但声音品质最低;中:压缩速度较快,但声音品质较低;最佳:压缩速度最慢,但声音品质最高。

● 原始压缩　导出的声音文件不经过压缩。

● 语音压缩　使用适合于语音的压缩方式导出声音。建议对语音使用 11kHz 频率。

项目小结

　　声音可以使作品变得不再单调,选择优美的声音对表达作品内涵很有帮助。通过声音淡入淡出效果处理可以使音乐更加优美。Flash 提供了多种声音应用的方法,音频应用的方式可以是独立于时间轴连续播放,或是动画与一个音轨同步播放。在动画中插入声音时,一般把声音独立存放在一个新建的图层中。

 项目 5　制作并使用发光按钮

图 7－58　发光按钮

项目描述

　　本项目首先制作一个发光效果的按钮,光标没移上去时,按钮是一个蓝色的球体,光标移到按钮上蓝色球变成一个不断发光的黄色球效果,然后为该按钮添加声音和动作。本作品尺寸为 200×200 像素,效果如图 7－58 所示。

项目分析

　　制作该项目首先需要建立一个"蓝球"图形元件、一个"黄球变化"影片剪辑元件,分别作为按钮的"弹起","指针经过"两个帧的状态;然后利用外部库的按钮对象为其添加音效、为按

钮设置播放和停止动作。因此,本项目可分解为以下任务:

任务1 制作会发光的按钮。

任务2 为按钮添加音效。

任务3 为按钮设置动作。

项目目标

● 掌握按钮的制作方法。

● 掌握为按钮添加声音的方法。

● 掌握为按钮设置动作的方法。

任务1 制作会发光的按钮

操作步骤

①新建文档,在【属性】面板中设置文档大小为 200×200 像素,背景色为白色,帧频为 12fps。

②执行【插入】→【新建元件】命令,在打开的【创建新元件】对话框中,设置类型选择"图形",名称为"蓝球";单击【确定】按钮,进入元件编辑状态,如图7-59所示。

③【笔触颜色】设为"无",【填充颜色】设为"蓝色",绘制一个实心圆,宽、高分别为105像素、105像素;分别单击【相对于舞台】按钮、【水平中齐】按钮品、【垂直中齐】按钮▐▐,效果如图7-60所示。

图7-59 【创建新元件】对话框

图7-60 蓝球元件

④再次执行【插入】→【新建元件】命令,在打开的【创建新元件】对话框中选择【影片剪辑】单选按钮,并取名为"黄球变化",如图7-61所示;单击【确定】按钮,进入元件的编辑状态。

图7-61 "创建黄球变化"对话框

⑤双击【图层1】,将其重命名为"光";新建图层并将其命名为"球"。

⑥选中【光】图层的第 1 帧,将笔触颜色设为"无",填充颜色设为"黄色",绘制一个实心圆,宽、高分别为 143 像素、143 像素;分别单击【相对于舞台】按钮、【水平中齐】按钮品和【垂直中齐】按钮口口。

⑦分别选中【光】图层的第 3 帧和第 5 帧,按【F6】键插入关键帧;将第 3 帧上的【光晕】图形适当放大,在第 1 帧~第 3 帧、第 3 帧~第 5 帧分别添加运动补间。

⑧锁定【光】图层,选中【球】图层的第 1 帧,将"蓝球"元件拖入舞台中间,如图 7 - 62 所示。

⑨选中【球】图层的第 5 帧,按【F5】键插入普通帧;执行【插入】→【新建元件】命令,在打开的【创建新元件】对话框中单击【按钮】单选框,并取名为"球",如图 7 - 63 所示;单击【确定】按钮,进入按钮元件的编辑状态。

图 7 - 62 将篮球拖入舞台   图 7 - 63 【创建球元件】对话框

⑩选中【弹起】帧,将【蓝球】图形元件拖放到舞台;选中【指针经过】帧,按【F7】键插入空白关键帧;将【黄球变化】影片剪辑拖放到舞台,选中【按下】帧,按【F5】键插入普通帧,如图 7 - 64所示。

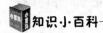

图 7 - 64 按钮的帧状态

⑪退出元件的编辑状态,返回场景,将【球】按钮元件拖放到舞台并缩小,此时测试影片即可看到一个会发光的球形按钮效果。

⑫保存文件"制作发光按钮"并测试影片。

知识小·百科

按钮元件用于响应鼠标事件,即随鼠标操作显示不同的状态,执行指定的行为。按钮元件有弹起、指针经过、按下和点击 4 种状态。

● 弹起 表示光标在按钮上时按钮的状态。

● 指针经过 表示光标经过按钮时按钮的状态。

● 按下 表示按下鼠标时按钮的状态。

● 点击 设置按钮响应鼠标的区域,如此项缺省时,Flash 会自动按照按钮的"弹起"或"指针经过"状态时的面积作为鼠标的响应范围。

任务2　为按钮添加音效

不仅能够在场景中添加声音文件，还可在按钮中添加声音。如果是为按钮添加文字的话，可添加一文字图层。在"弹起""指针经过"及"按下"帧处各插入一个关键帧，可设定不同的颜色和字体，实现按钮的动态效果。

操作步骤

①执行【文件】→【打开】→【外部库】命令，弹出【作为库打开】对话框，在该对话框中将素材库"按钮控制"打开，如图 7－65 所示。

②单击【打开】按钮，弹出"按钮控制"的【库】面板，如图 7－66 所示。将"播放"按钮拖到舞台中。

图 7－65　【作为库打开】对话框　　　　　　　　　　图 7－66　【库】面板

③执行【文件】→【导入】→【导入到库】文件，将两个音效文件导入到库中。

④双击"按钮"，进入"按钮"的编辑状态；在【图层 3】上新建【图层 4】，分别在按钮的"指针经过""按下"帧处按【F7】键插入空白关键帧。

⑤选中【图层 4】的"指针经过"帧，在【属性】面板的【声音】下拉列表中选择"音效 1. wav"，如图 7－67 所示。

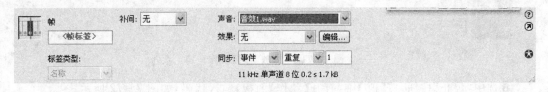

图 7－67　为帧添加音效

⑥选中【图层 4】的"按下"帧，在【属性】面板的【声音】下拉列表中选择"音效 2. wav"。

⑦返回到舞台中,测试按钮,查看效果。

任务3 为按钮设置动作

为一个已经制作好的 Flash 文件,添加来自公用库中的按钮,将其改变为"播放"、"停止"按钮,并为其设置动作。

图 7-68 公用库的按钮

操作步骤

①执行【文件】→【打开】命令,打开素材中的"卷轴动画.fla"。

②在【图层 4】上新建一图层,命名为"按钮"。

③执行【窗口】→【公用库】→【按钮】命令,在【库】面板中单击"buttons bar"文件夹下的"bar brown"按钮和"bar grey"按钮,如图 7-68 所示,并将其拖入舞台,利用【对齐】面板,将二者"上对齐"。

④双击"bar brown"按钮,选中 text 图层的"弹起"帧,如图 7-69 所示。

⑤利用工具箱中的【文本工具】**T**,定位于按钮的文本字段,如图 7-70 所示。将"Enter"字符删除,输入"播放"字样。

⑥对"bar grey"按钮进行同样的操作,但将文字改为"停止"字样。

⑦返回场景中,选中"播放"按钮,按【F9】键或执行【窗口】→【动作】命令,打开【动作】面板,输入代码,如图 7-71 所示。

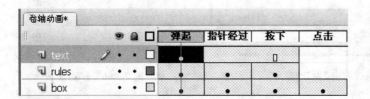

图 7-69 "bar brown"按钮状态

图 7-70 按钮的文本层

图 7-71 "播放"按钮动作

⑧选中"停止"按钮,按【F9】键,打开【动作】面板,输入代码,如图 7-72 所示。

⑨按【Ctrl】+【Enter】快捷键测试按钮,保存文件。

图 7-72　"停止"按钮动作

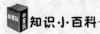知识小·百科

1. 公用库

【公用库】面板中的元件是系统自带的，不能直接在【公用库】面板中编辑元件。只有应用到按钮后才能编辑。公用库共分为三类："学习交互""按钮""类"，如图 7-73 所示。按钮库中提供了内容丰富且形式各异的按钮标本，用户可以根据自己的具体需要在按钮库里选择合适的按钮。

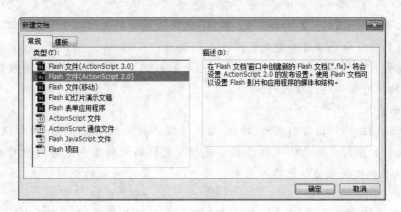

图 7-73　公用库的分类

2. 动作脚本

若要使动画中的关键帧、按钮、影片剪辑等具有交互性的特殊效果，就必须为其设置相应的动作，这里的动作是指实现某一具体功能的语句或实现一系列功能的语句组合。而 ActionScript 是针对 Adobe Flash player 运行环境的编程语言，它在 Flash 内容和应用程序中实现了交互性、数据处理及其他许多功能。在 Flash CS3 中，ActionScript 2.0 脚本命令是在新建 Flash 文档时选择的。执行【文件】→【新建】命令，在弹出的【新建文档】对话框中单击【常规】选项卡，选择【Flash 文件(ActionScript 2.0)】项，如图 7-74 所示，单击【确定】按钮即可。

图 7-74　【新建文档】对话框

147

1) 动作调板的使用

对 ActionScript 语句的编辑是通过【动作】调板实现的。

ActionScript 的编辑环境就是【动作】调板,它会因 ActionScript 设置位置的不同而出现不同的名称。在 Flash 中可以添加 ActionScript 的对象是关键帧、按钮和影片剪辑元件。当用鼠标单击这些对象时,动作调板将显示的名称分别是"动作—帧"、"动作—按钮"和"动作—影片剪辑"。由于各对象可以使用的动作大体相同,因此在操作上不会有太大差异。

执行【窗口】→【动作】命令或按【F9】键或单击鼠标右键,在弹出的快捷菜单中选择【动作】命令均可打开【动作】调板,如图 7-75 所示。

图 7-75 【动作】调板

【动作】调板由两个部分组成:左侧为动作工具箱,每个动作脚本语言在该工具箱中都有一个对应的条目。动作工具箱中还包含一个脚本导航器,用户可以在这里浏览 FLA 文件以查找动作脚本代码。右侧为脚本窗格,它是输入代码的区域,用户可以直接在此编辑动作、输入动作参数或删除动作,也可以双击动作工具箱中的某一项命令,向脚本窗格添加动作。另外,用户也可以单击【动作】调板右侧上面的"将新项目添加到脚本中"＋按钮展开动作列表,单击相应的动作命令即可向脚本窗格添加该动作。当然,如果用户熟悉 ActionScript 语言,可以直接键入动作命令。需要注意的是,无论采用哪种方式设置动作,动作语句都是按照从上到下的排列顺序逐行执行的。

2) 动作的应用

动画设计过程中,可以分别在帧、按钮、影片剪辑中加入 ActionScript 脚本程序。

(1) 帧动作的应用。帧动作是指当影片或影片剪辑播放到某一帧时所执行的动作。在 Flash 中可以添加控制帧动作代码的地方有两个,一个是时间轴的关键帧上,另一个是对象的事件中。

添加帧动作的方法是:在时间轴上选择要添加动作的关键帧,打开【动作】调板,选择动作命令即可。

常用的帧动作命令如下：

gotoAndPlay(scene,frame)　跳转到指定场景的指定帧开始播放。若未指定场景,则默认为当前场景。

gotoAndStop(scene,frame)　跳转到指定场景的指定帧停止播放。若未指定场景,则默认为当前场景。

nextFrame( )　转到下一帧停止播放。

prevFrame( )　转到上一帧停止播放。

nextScene( )　转到下一场景。

prevScene( )　转到上一场景。

Play( )　控制动画对象从当前位置开始播放。

Stop( )　控制动画对象在当前位置停止播放。

stopALLSounds( )　停止当前动画中所有声音的播放。

(2)按钮动作的应用。能应用按钮脚本的只有"触发"按钮,如"经过按钮""按下按钮""释放按钮"时才会执行。

给按钮添加动作的语法是：

```
On(Event){
    //执行的程序,这些程序是由响应鼠标事件的函数体组成的
}
```

这里,Event 表示事件,是指鼠标的各种操作。主要有指针经过、按下、释放、指针离开等。当鼠标进行某种操作时,开始执行括号中的程序。鼠标的事件主要有以下几种：

Press(点击)　指针在按钮上按下鼠标键时发生。

Release(释放)　指针在按钮上按下并释放鼠标键后发生。

releaseOutside(释放离开)　指针在按钮上,按下鼠标键又释放,离开按钮的响应区后发生。

rollOver(指针经过)　指针滑过按钮响应区时发生。

rollOut(指针离开)　指针滑过按钮响应区并离开后发生。

dragOver(拖放经过)　指针在按钮上按下鼠标并拖动光标离开按钮,然后再次将指针移到按钮上时发生。

dragOut(拖放离开)　指针在按钮上按下鼠标并拖动光标离开按钮响应区时发生。

(3)影片剪辑动作的应用。影片剪辑动作是在电影元件的实例中使用的命令,它像按钮动作一样,接受事件以后执行相应的动作。

给影片剪辑添加动作的语法是：

```
OnClicpEvent(事件){
    //发生相应的事件后将执行的动作
}
```

当影片剪辑被载入或被播放到某一帧时会触发事件,将执行括号中的程序命令。影片剪辑可以触发的事件主要有以下几种：

Load　当载入影片剪辑元件到场景时触发事件。

Unload　当卸载影片剪辑元件时触发事件。

enterFrame 当加入帧时触发事件。

mouseDown 当鼠标左键按下时触发事件。

mouseMove 当移动鼠标时触发事件。

mouseUp 当松开鼠标左键时触发事件。

keyDown 当按下键盘的按键时触发事件。

keyUp 当松开键盘的按键时触发事件。

项目小结

　　按钮元件是 Flash 影片中创建互动功能的重要组成部分,通过向按钮元件添加音效和动作可使按钮具有更强的互动效果。导入外部库文件就是在当前 Flash 文档中打开另一个文档的【库】面板,然后将里面的资源拖入到当前的文档进行再一次的使用,从而实现 Flash 动画素材的重复使用,为 Flash 动画的制作提供方便。

单 元 小 结

本单元共完成 5 个项目,学习后应有以下收获:

- 掌握图像的导入、编辑方法。
- 掌握为影片、按钮添加声音的方法。
- 掌握声音的编辑和设置方法。
- 掌握视频的导入方法。
- 掌握按钮的制作和修改技能。
- 掌握外部库的使用技能。
- 掌握公用库的使用技能。
- 掌握动作调板的使用技能。
- 掌握 3 种不同动作的应用技能。

实 训 练 习

(1)打开素材中的"跳动的小球"动画文件,为小球的下落和弹起添加不同的声音。

(2)设计一个音画时尚 Flash,其中有多个不同的图片淡入淡出,并配以背景音乐。

(3)利用"影片剪辑"元件,制作出群星闪烁的效果。

(4)设计两个按钮,上面有"开始"、"停止"文字,鼠标经过时会变颜色。

第 8 单 元

镜头语言的应用 ——————

动画片用镜头语言来表达主题和思想，使观众透过镜头来感受动画片所要表达的思想。从这一点来说，镜头语言和平常讲话使用语言的目的是一样的。本单元介绍镜头语言的基础知识和应用。

本单元按以下 4 个项目进行：

项目 1　了解各种镜头语言。

项目 2　学习镜头组接的规律和方法。

项目 3　认识镜头的角度。

项目 4　区分镜头的景别。

项目1　了解各种镜头语言

项目描述

在动画片中都运用了哪些镜头？这些镜头又有哪些特点呢？本项目将给出这些问题的答案。

项目分析

要想具体了解各种镜头，就需要知道镜头有哪些类型，它们的特点是什么，这样才能灵活利用镜头来创作各种影片。

项目目标

● 熟知各种镜头语言。

● 熟知各种镜头的特点。

从处理手法不同分类，可以把镜头分为固定镜头、推镜头、拉镜头、摇镜头、移镜头、跟镜头、升降镜头等。

1. 固定镜头

固定镜头是在摄像机机位不动、镜头光轴不变、焦距固定的情况下拍摄的镜头。固定镜头虽然使用静态的拍摄方式，但它又不等同于摄影照片，因为画面中有运动的元素。

固定镜头的特点是：

● 固定镜头有利于表现远景、全景等大景别的静态画面，以烘托故事发生的地点和环境。

● 固定镜头能真实地记录被摄物体的运动速度和节奏变化。

● 固定镜头的画面构成给观众一种安静的心理感受，它与运动镜头带来的跳跃感产生了强大的心理反差。

2. 推镜头

推镜头是指摄像机镜头逐渐向画面推近，观众所看到的画面由远及近。一个推镜头可以表现环境与人物、整体与局部之间的变化关系，增强画面的逼真性和可信性，使观众有身临其境感。效果如图8-1所示。

图8-1　推镜头由远及近的效果

镜头的推进速度传达着不同的艺术效果。急速的推镜头用于表现剧烈的感情变化；慢速的推镜头可以表现对人物内心世界的融合与渗透。

运用推镜头要注意:

- 镜头表现主体必须明确。
- 推镜头的推进速度要与画面内的情绪和节奏相一致。

3. 拉镜头

拉镜头是摄像机逐渐远离被摄主体,或变动镜头焦距使画面框架由近至远,与主体拉开距离的拍摄方法。用这种方法拍摄的渐行渐远的视觉画面称为拉镜头。效果如图 8-2 所示。

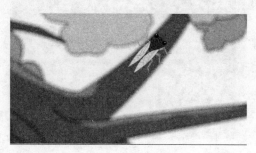

图 8-2 由近及远的拉镜头效果

拉镜头与人步行后退的视觉感受类似,带有强烈的离开意识,同时也可以作为转场的过渡镜头。

4. 摇镜头

摇镜头是指摄像机机位固定,通过镜头左右或上下转动角度拍摄物体,并引导观众的视线从画面的一端扫向另一端。摇镜头的移动速度通常是:两头略慢,中间略快,犹如人们转动头部环顾四周或将视线由一点移向另一点的视觉效果。

摇镜头可以分为 3 种:横摇、直摇和闪摇镜头。横摇,是摄像机以中心点为纵轴,如转头般左右摇拍,屏幕效果显示为景框以水平方向在空间移动;直摇,以摄像机中心点为横轴,如点头般上下摇拍;闪摇镜头又称"甩镜头",指摄像机从一个场景快速甩出,切入另一个镜头。它的作用是表现事物、时间、空间的急剧变化,造成人们心理的紧迫感。

摇镜头用于表现透视空间,扩大观众视野,有利于小景别画面包含更多的视觉信息。摇镜头也是画面转场的惯用手法之一。

5. 移镜头

用移动摄像机的方法拍摄的电视画面称为移镜头,而动画电影中,移镜头是指镜头的机位不变,通过上下左右地移动背景来实现,效果如图 8-3 所示。

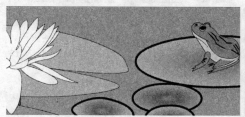

图 8-3 从左向右移动背景的移镜头效果

移镜头有利于表现大场面、大纵深、多景物、多层次的复杂场景,使影片具有气势恢宏的造型效果。

6.跟镜头

跟镜头又称跟拍,指摄像机始终跟随运动的被摄主体一起运动而进行的拍摄。跟镜头易于表现复杂的空间结构关系、处于动态的主观视线,造成观众身临其境的感觉。效果如图8-4所示。

图8-4 跟镜头效果

跟镜头的作用:

● 跟镜头的屏幕效果表现为运动的主体不变、静止的背景变化,这种屏幕效果有利于通过人物引出环境。

● 跟镜头对人物、事件、场面跟随拍摄的记录方式,一般用于纪实性节目的拍摄。

7.升降镜头

摄像机进行垂直位移拍摄的画面叫升降镜头。升降镜头的运用,使画面的构图上有一种写意性和象征性,反映一种情绪和心态,有时也可用来表现主观视线或客观展示。效果如图8-5所示。

图8-5 升降镜头效果

升降镜头的升降运动可以表现剧中人物感情的跌宕起伏;上升镜头可以使观众产生失去重力感,下降镜头常使观众的心理势态趋于平稳。

项目小结

在一部动画片中,综合使用以上的各种镜头表现剧情,会使动画片效果更引人入胜。

项目 2　学习镜头组接的规律和方法

项目描述

学习了各种镜头的基础知识后,如何把这些镜头组接起来呢? 本项目将进一步介绍镜头组接的规律和方法。

项目分析

本项目可分解为以下任务:

任务 1　了解镜头的组接规律。

任务 2　学习镜头的组接方法。

项目目标

● 掌握镜头组接规律。

● 熟知镜头组接方法。

任务 1　了解镜头的组接规律

动画画面是由一系列的镜头按照一定的排列次序组接起来的。要使这些镜头融合为一个完整的统一体,需要遵从一定的规律。现对这些规律叙述如下:

1. 镜头的组接要符合观众的思想方式和影视表现规律

镜头的组接要符合生活的逻辑、思维的逻辑。不符合逻辑观众就看不懂。要表达的主题与中心思想一定要明确,在这个基础上根据逻辑将镜头组合在一起。

2. 镜头的组接要遵循"动接动""静接静"规律

"动接动"镜头组接规律是指画面中被摄主体的动作是连贯的,动作接动作能够达到顺畅过渡的要求。

"静接静"镜头组接规律是指两个画面中的被摄主体的运动是不连贯的,或是二者之间有停顿,在组接这两个镜头时,应当在前一个被摄主体的完整动作结束后,再接后一个从静止开始的运动镜头。"静接静"组接时,前一个镜头结尾停止的片刻叫"落幅",后一镜头运动前静止的片刻叫做"起幅"。起幅与落幅时间间隔大约为一二秒钟。

固定镜头和运动镜头组接,同样要遵循"动接动""静接静"的规律。例如:一个固定镜头要接一个摇镜头,摇镜头开始要有起幅;相反,一个摇镜头接一个固定镜头,摇镜头要有"落幅",否则画面会有一种跳动感。在特殊效果中,也有"静接动"或"动接静"的镜头。

3. 镜头的组接要遵循渐进式的景别变化

对一个场景进行拍摄时,"景"的变化应适度,以方便镜头的组接。因此,应采取循序渐进式的拍摄方法拍摄景的变化。循序渐进地改变不同视觉距离的镜头,可以形成不同样式的蒙太奇语句,产生顺畅的镜头连接。其分别是:

● 前进式蒙太奇　是指景物由远及近地从远景、全景向近景、特写过渡,用以表现由低沉到高昂的情绪和剧情的变化。

● 后退式蒙太奇　是指景物由近到远地过渡,在镜头中表现为由细节扩展到全部,以表现由高昂到低沉的情绪。

● 环行蒙太奇　是前进式蒙太奇和后退式蒙太奇的结合使用,即全景—中景—近景—特写—近景—中景—远景,反之亦然。环行蒙太奇在影视片中被广泛运用,通常表现由低沉到高昂,再由高昂转向低沉的情绪。

4. 镜头的组接要注重节奏的配合

影片节奏的总体依据是影片的题材、样式、风格以及情节的环境气氛、人物的情绪、情节的起伏跌宕等。

镜头节奏和镜头内容应当配合得当,温馨祥和的环境应采用舒缓节奏的镜头转换,视觉效果柔美和谐。激烈、震荡的战争场面,则应采用快节奏的镜头转换,使镜头的变化速率与观众的心理感受同步,达到高昂激荡的艺术效果。

5. 镜头的组接要注意遵循"轴线规律"

轴线规律,是指组接在一起的画面一般不能跳轴。镜头的视觉代表了观众的视觉,它决定了画面中主体的运动方向和关系方向。如拍摄一个运动镜头时,不能是第一个镜头向左运动,下一个组接的镜头向右运动,这样的位置变化会引起观众的思维混乱。

6. 镜头的组接要注意保持色调的统一性

在剪接中,要注意剪接的素材应该有比较接近的色调。如果两个镜头的色调反差强烈,就会有生硬和不连贯的感觉,影响内容的表达。

任务2　学习镜头的组接方法

镜头画面的组接方法有多种,其中运用镜头衔接规律进行镜头间的直接切换,使剧情、画面和谐流畅的方式至关重要。

1. 连接组接

前后相连的两个或两个以上的一系列镜头用来表现同一被摄对象的动作,称为连接组接。

2. 队列组接

上下相连的两个或两个以上的一系列镜头用来表现不同被摄对象的动作,由于被摄对象的变化,下一个镜头主体的出现,起到上下呼应、前后对比或隐喻烘托的作用,让观众自然而然地联想到上下画面的关系,这便是队列组接。

3. 景物镜头的组接

两个镜头之间以景物作为镜头过渡的组接手段被称为景物镜头组接。景物镜头组接中以景为主,物为陪衬的镜头,可以展现不同的地理环境和景物风貌,并能表示时间和季节的变换,体现了以景抒情的艺术手法。另外,以物为主,景为陪衬的镜头,往往作为镜头转换的手段。

4. 特写镜头组接

是指相连的两个镜头,前一个镜头以特写画面为落幅,后一个镜头以此特写画面为起幅,从一个局部细节逐渐转换到另一个情节画面,视野由近及远,由小及大。特写镜头组接的场景和叙述内容是自然而然地进行的,给观众带来水到渠成的视觉感受。

5.转场技巧的使用

在动画片段落的衔接中,为了保证视觉效果的连贯和段落的分割,常常运用转场技巧的手法。转场技巧包括以下几个方面:

1)淡出淡入

淡出淡入的转场技巧是电影艺术表现时空间隔的重要手段。淡出是指前一场景的最后一个镜头的清晰度、色彩饱和度逐渐淡下去,画面逐渐淡成白场或黑场,即渐隐。淡入是指后一场景的第一组镜头从白场或黑场逐渐清晰起来,即渐显。淡出淡入的转场技巧常用以表现一个剧情的结束和另一个剧情的开始,让观众的视觉得以短暂的间歇,便于领会进展中的剧情。如图 8-6 所示为淡入的效果。

图 8-6　淡入的效果

2)定格

不同主题段落间的转换,通常运用定格的转场技巧。定格是指将上一段落的结尾画面作静态处理,使观众产生瞬间的视觉停顿,接着出现下一个画面。

3)叠化

叠化是指上下两个画面有几秒钟的重合时间,通常用在空间的转换和时间的过渡上。叠化转场用在镜头的组接上,给观众自然流畅的视觉感受。

项目小结

本项目介绍了镜头组接的一般规律,可以观看更多的动画片以体会这些规律的应用。

 项目3　认识镜头的角度

项目描述

对镜头的运用也可以从角度上进行划分,本项目介绍镜头的角度。

项目分析

摄像机与被摄对象所成的几何角度被称为镜头角度。镜头角度包括俯仰方向角度和水平方向角度两个方面。因此,本项目可分解为以下任务:

任务1　了解俯仰方向的拍摄角度。

任务 2　了解水平方向的拍摄角度。

项目目标

● 掌握俯仰方向的拍摄角度。

● 掌握水平方向的拍摄角度。

任务 1　了解俯仰方向的拍摄角度

俯仰方向的拍摄角度,是指以被摄主体为中心,镜头在垂直方向上以不同高度拍摄所构成的拍摄角度。一般分为平摄、仰摄、俯摄。

1. 平摄

平摄是指拍摄镜头与被摄主体在同一水平线上,与人眼等高的高度进行拍摄。被摄对象不易变形,给人平等、客观、公正的视觉感受。平拍画面在普通的场景中经常使用,显得干净利索。

2. 俯摄

摄像机高于被摄主体水平线,向下拍摄被摄对象,所摄画面是一种自上往下、由高到低的俯视效果,可以使观众对画面中的场景及人物情况一目了然,效果如图 8 - 7 所示。俯摄通常表达深远、辽阔的场景,具备表现画面景物层次、交代环境位置及远近距离的镜头优势。在利用俯摄手段对人物进行拍摄时,带有贬低、蔑视的意味。

图 8 - 7　俯摄的拍摄效果

3. 仰摄

摄像机低于被摄主体的水平线,向上拍摄被摄对象,被称为仰拍。仰拍的画面表现为从下往上、由低向高的仰视效果。仰拍画面中形象主体显得高大、挺拔,具有权威性,视觉重量感比正常平视要大,画面带有赞颂、敬仰、自豪、骄傲等感情色彩。因此,仰拍镜头常用来表现崇高、庄严的气氛和场景。

任务 2　了解水平方向的拍摄角度

水平方向的拍摄角度是指以被摄主体为中心,镜头在水平方向上的不同方位拍摄所构成的拍摄角度,一般分为正面、背面、侧斜面等几种角度。

1. 正面摄像

摄像机镜头在被摄主体正前方进行拍摄,称为正面摄像。正面方向拍摄画面的优点是有利于表现被摄对象的正面特征,显示出庄重稳定、严肃静穆的氛围。其缺点表现为画面显得呆板,缺少立体感和空间感。

2. 斜侧摄像

摄像机在被摄对象正面、背面和正侧面以外的任意一个水平方向进行拍摄,称为斜侧摄像,效果如图 8-8 所示。斜侧面方向拍摄的画面可以使物体产生明显的形体透视变化,画面形式活泼生动,有利于物体的立体形态和空间深度的表现。

3. 背面摄像

从被摄对象的背后即正后方进行拍摄,称为背面摄像。以人物拍摄为例,由于从背面角度拍摄的画面视角与被摄对象的视角方向一致,被摄人物所看到的空间和景物也就是观众所看到的空间和景物。这种追踪式拍摄,具有现场纪实效果。

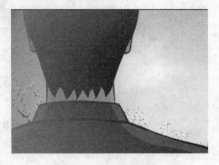

图 8-8　斜侧摄像的效果

项目小结

本项目介绍了镜头角度的运用知识,可观看更多的动画片以体会镜头角度的运用。

项目 4　区分镜头的景别

项目描述

什么叫景别? 它是用来做什么的? 本项目将解答这些问题。

项目分析

想了解景别,首先必须知道景别的含义及分类,这样在动画制作过程中才能运用好它。本项目可分解为以下任务:

任务 1　了解景别的含义及分类。

任务 2　了解何时使用合适的景别镜头。

项目目标

● 熟悉远景、全景、中景、近景和特写的含义。

● 掌握何时使用合适的景别镜头。

任务 1　了解景别的含义及分类

景别是指被摄主体和画面形象在屏幕框架结构中所呈现出的大小和范围。景别一般分为远景、全景、中景、近景和特写,不同景别的画面产生不同的视觉感受。

1. 远景

远景是所有景别中视距最远、表现空间范围最大的一种景别,重在表现画面气势和总体效果。远景一般用于表现地理环境、自然风貌、战争场面、群众集会等大场面的镜头画面。如果是大制作的动画片,这种镜头的运用会比较多,画面显得雄伟壮观。如图 8-9 所示为远景的效果。

图 8-9　拍摄的远景效果

2. 全景

全景比远景稍近。主要用来表现角色或场景全貌的镜头画面,同时要保留一定的环境范围和活动空间,如图 8-10 所示。

图 8-10　拍摄的全景效果

3. 中景

中景是指表现角色膝盖以上部分或场景局部的画面。中景突出表现情节中环境气氛和人物之间的关系及心理活动,是影片中适用范围最广的景别。

与全景比较而言,中景画面中人物整体形象和环境空间降至次要位置,重在表现人物的膝部以上的动作细节以及人物之间的情感交流,强调叙事的功能。特写和近景只能在短时间内引起观众的兴趣,远景和全景容易使观众的注意力分散,而中景则给观众提供了指向性视点。它能够在一定时间内清楚地描述细节的变化,适于交代人物位置、状态和周围环境之间的关系,传递人物的内心活动和情感演化。

4. 近景

近景是表现人物胸部以上或物体小块局部的画面。近景拉近了观众的眼睛与被摄对象之间的距离,突出表现人物的表情和物体的质地,常用来细致地表现人物的精神面貌和物体的主要特征,可以产生近距离的交流感和亲切感。

5. 特写

特写是视距最近的画面,常表现人物肩部以上的头像或者某些被摄对象细部的画面,效果如图 8-11 所示。特写是刻画人物、描写细节的独特表现手段。特写镜头表现人物时,能

够将观众的注意力集中在画面对象的细小
动作和神态上,有助于把握人物的个性,由
表及里地窥探人物的内心世界。特写可以
选择、放大细微的表情或细部特征,强化观
众对细部的认识。如果使用特写镜头,就
必须对细节下功夫处理,否则得不偿失。
许多低劣的动画片使用特写时,常会被人
发现制作上的粗糙。

图 8 - 11　特写效果

项目小结

　　本项目从景别上介绍了远景、全景、中景、近景和特写镜头的使用特点,可以进一步观
看更多的动画片以体会这些镜头的使用特点。

单 元 小 结

本单元共有 4 个项目,学完后应该有以下收获:

- 熟知各种镜头及其特点。
- 掌握镜头的组接规律。
- 掌握镜头的各种拍摄角度。
- 掌握远景、全景、中景、近景和特写的含义。

实 训 练 习

(1)在 Flash 中制作各种镜头。

(2)从网上下载一些动画片,观察镜头如何组接。

(3)在 Flash 中制作各种拍摄角度的镜头。

(4)在 Flash 中制作各种景别的镜头。

第 9 单元

创作 "奥运宣传"
网页广告

由于 Flash 动画可观性强且文件短小精悍,很容易在网络中传播。同时,用 Flash 制作的广告表现力很强,能给用户带来深刻的印象和交互体验。在网络科技越来越发达的今天,很多网站为了吸引用户的眼光,都在网站的页面上添加 Flash 广告。Flash 广告已经成为目前网页广告的主要形式。

本单元按以下 4 个项目进行:

项目1　制作图片、文字互换动画。

项目2　制作可控制的滚动图片动画。

项目3　制作滤光字。

项目4　为动画广告添加背景音乐。

项目 1　制作图片、文字互换动画

项目描述

北京奥运会给人们留下了深刻的印象。现制作宣传北京奥运会的网页广告,设计要求首先出现 5 张北京名胜古迹图片"天安门""天坛""颐和园""长城""故宫",接着分别变换成"北""京""欢""迎""你"5 个字,然后停顿一会,由"北""京""欢""迎""你"再分别变换成 5 张名胜古迹图片。动画背景为黑色,其他取默认值。其效果如图 9-1 所示。

图 9-1　图片、文字互换效果

项目分析

制作该项目首先需要导入 5 张图片,分别放在 5 个图层上;然后将每一张图片都转换成矢量图,对应的文字先分离,再分别制作形状渐变;文字变图片的形状渐变用"复制帧""粘贴帧""翻转帧"命令来实现。因此,本项目可分解为以下任务:

任务 1　制作图片到文字的形状渐变。

任务 2　制作文字到图片的形状渐变。

项目目标

● 掌握形状渐变的制作方法。

● 掌握动画帧操作的相关命令。

任务 1　制作图片到文字的形状渐变

操作步骤

①执行【文件】→【导入】→【导入到舞台】命令,将鸟巢图片导入到舞台上,并调整其尺寸与舞台相同;利用【对齐】面板使其相对于舞台"居中对齐";在第 135 帧处,按【F5】键插入普

通帧。

②执行【文件】→【导入】→【导入到库】命令,分别将 5 张北京名胜古迹图片导入到库中。

③连续单击【插入图层】按钮 5 次,插入 5 个新图层;分别在【图层 2】~【图层 6】的第 1 帧处,打开【库】面板,将 5 张图片拖入舞台,放置在合适的位置。

④选中第 1 张图片,执行【修改】→【分离】命令,将图片变成矢量图形。

⑤调整第 1 张图片尺寸为宽 80 像素、高 80 像素,X、Y 轴坐标分别为 0,49,如图 9-2 所示。

⑥分别对【图层 3】~【图层 6】的每一张图片做上述处理,位置参数如图 9-3~图 9-6 所示,效果如图 9-7 所示。

图 9-2　第 1 张图片的信息

图 9-3　第二张图片的信息

图 9-4　第三张图片的信息

图 9-5　第四张图片的信息

图 9-6　第五张图片的信息

图 9-7　第 1 帧效果

⑦分别在【图层 2】~【图层 6】的第 20 帧和第 40 帧处,按【F6】键插入关键帧。

⑧选中【图层 2】的第 40 帧,将图片删除;选择【文本工具】,在【属性】面板中,设置相关属性,如图 9-8 所示;在图片的位置上输入"北"字。

图 9-8　文字属性设置

⑨选中文字,执行【修改】→【分离】命令,将文字转换为矢量图形。

⑩对【图层 3】~【图层 6】的第 40 帧处重复第 8、第 9 步操作,对应的文字为"京""欢"

"迎""你";将文字分离,效果如图 9-9 所示

图 9-9　第 40 帧效果

⑪选中每个图层的第 20 帧,在【属性】面板中,选择"形状"补间,创建形状补间动画。

任务 2　制作文字到图片的形状渐变

操作步骤

①选中【图层 2】的第 20 帧~第 40 帧,单击鼠标右键,选择"复制帧"命令,然后在【图层 2】的第 60 帧处按【F6】键插入关键帧。

②选中第 60 帧,单击鼠标右键,选择"粘贴帧"命令,然后将第 80 帧以后的帧删除。

③选中第 60 帧~第 80 帧,执行【修改】→【时间轴】→【翻转帧】命令,将粘贴的帧翻转 180°。

④同理,对【图层 3】~【图层 6】重复步骤 1~3,最后时间轴面板如图 9-10 所示。

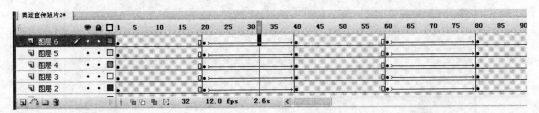

图 9-10　时间轴面板

项目小结

　　形状渐变起始帧和结束帧的对象必须是分离的图像或文字,也就是俗称的"打散"。对于图像和单个文字可用【修改】→【分离】命令或者按【Ctrl】+【B】快捷键;对于文字组则必须分离两次,即按【Ctrl】+【B】快捷键两次;对于重复的动画过程可借助于【复制帧】和【粘贴帧】命令;对于相反的动画过程可借助于【复制帧】、【粘贴帧】和【翻转帧】命令,这样可以简化动画的制作过程。

项目2　制作可控制的滚动图片动画

项目描述

播放动画时,首先出现10个奥运场馆图片排列在一起,从舞台左侧缓缓移到右侧,每张图片不断变化,若隐若现。光标停在图片上时,会变成小手形状,图片滚动停止;光标离开继续移动,单击鼠标则会打开"2008北京奥运官方宣传网站",其效果如图9-11所示。

图9-11　可控制的滚动图片效果图

项目分析

制作该项目首先需要导入 10 张图片,制作 10 个影片剪辑,将图片转换成元件,修改关键帧的 Alpha 值,产生淡入的效果。然后制作一个隐形按钮,附加到每个影片剪辑上,用来控制图片运动的停止和继续以及链接到相应的网站。因此,本项目可分解为以下任务:

任务 1 制作影片剪辑。

任务 2 制作并使用隐形按钮。

任务 3 制作运动的图片。

项目目标

● 掌握淡入渐变动画的制作方法。

● 掌握隐形按钮的制作方法。

● 掌握为按钮添加脚本的方法。

任务 1 制作影片剪辑

操作步骤

①执行【文件】→【导入】→【导入到库】命令,将 10 张"奥运场馆"素材图片导入到库中。

②创建影片剪辑元件。执行【插入】→【新建元件】命令,创建一个名为"场馆 1"的影片剪辑元件;单击【确定】按钮,进入元件编辑状态。

③将库中的一张奥运场馆图片拖入到舞台,利用【对齐】面板,使该图片相对于舞台水平对齐、垂直对齐,达到位于舞台中央的目的。

④右键单击第 1 帧,执行【创建补间动画】命令,达到自动将图片转换成元件的目的;分别在第 20 帧和第 40 帧处按【F6】键插入关键帧。

⑤选中舞台中的元件,调整其 Alpha 值:第 1 帧设为 10%(如图 9-12 所示),第 20 帧设为 50%,第 40 帧设为 100%,创建一个图片逐渐显现的动画。

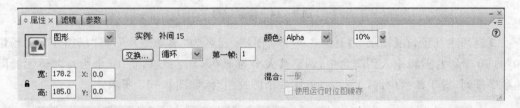

图 9-12 第 1 帧的元件属性

⑥按照以上步骤,分别建立"场馆 2""场馆 3""场馆 4""场馆 5""场馆 6""场馆 7""场馆 8""场馆 9""场馆 10"9 个影片剪辑。

贴心提示

要想产生一些特殊效果(改变色调、调整透明度、修改亮度等),必须将图片或动画转换成元件。具体方法为:选中图片或动画,单击右键,从快捷菜单中选择【转换为元件】命令,打开【转换为元件】对话框,如图 9-13 所示,将对象转换为元件。

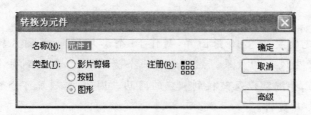

图 9-13 【转换为元件】对话框

任务 2　制作并使用隐形按钮

操作步骤

①执行【插入】→【新建元件】命令,创建一个名为"隐形按钮"的按钮元件;单击【确定】按钮,进入元件编辑状态。

②在【图层 1】的【点击】帧处按【F7】键,插入空白关键帧;选择【矩形工具】,拖动鼠标在舞台绘制一个无边框、红色填充色的矩形;调整尺寸为 100×100 像素,位置位于舞台中间,如图 9-14 所示。

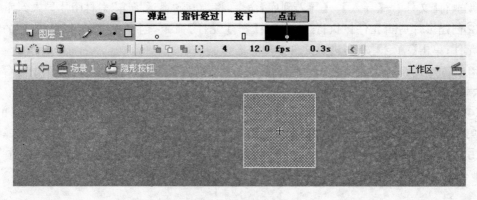

图 9-14　绘制矩形

③返回主场景,在【图层 6】上建立一个新图层,起名为"滚动图片",将"场馆 1"~"场馆 10"的 10 个影片剪辑拖入到舞台中;调整其大小为 100×100 像素,将 10 个影片剪辑无缝隙地顺序排列,置于舞台中部,上对齐,形成一个图片组合,如图 9-15 所示。

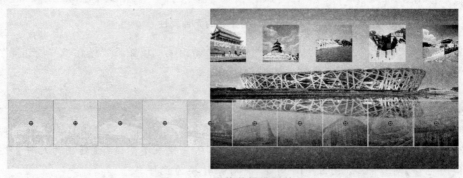

图 9-15　影片剪辑排列效果

④执行【窗口】→【库】命令,打开【库】面板,从中将元件"隐形按钮"拖入舞台,覆盖在影片剪辑元件之上,如图 9 – 16 所示。

⑤选中按钮,按【F9】键打开【动作】面板,为按钮
添加脚本语句:

```
on (rollOver) {
    _root . stop();
}
on (rollOut) {
    _root . play();
}
on (press)
{getURL("http://www. beijing2008. cn","_blank");
}
```

图 9 – 16　按钮覆盖影片剪辑效果

这里,"getURL"表示获得网址,"http://www. beijing2008. cn"为北京 2008 奥运官方宣传网站,"_blank"表示以一个新的窗口打开此网址,单击任何一个按钮即可进入该网站。

⑥按照相同的方法为每个影片剪辑元件添加隐形按钮,设置按钮动作。效果如图 9 – 17 所示。

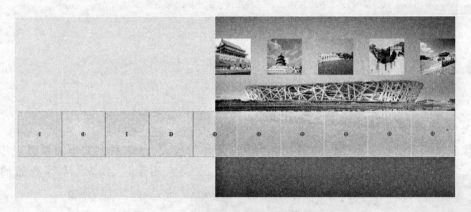

图 9 – 17　按钮覆盖影片剪辑整体效果

任务3　制作运动的图片

操作步骤

①在主场景中,选中【滚动图片】图层第 1 帧,单击鼠标右键,选择【创建补间动画】命令,然后在 80 帧处按【F6】键插入关键帧。

②在第 1 帧处将图片组合置于舞台的左侧,其右边线与舞台的右边对齐,高为 263.4,如图 9 – 17 所示。

③在第 80 帧处移动图片组合,将图片组合置于舞台的右侧,使其左边线与舞台的左边对齐,高仍为 263.4,如图 9 – 18 所示。

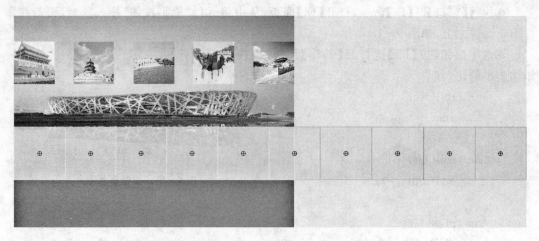

图 9-18 "滚动图片"图层第 80 帧效果

图片淡入动画的产生是通过修改元件的 Alpha 值来实现的。所谓"隐形按钮"就是只指定作用范围,实际上不会显示的按钮。为按钮添加动作是为了实现控制动画的停止、播放、链接网页的目的。

项目 3　制作滤光字

项目描述

该项目实现的效果是金色的文字加上极富光泽的滤光,整体看上去华丽漂亮。该效果常用于广告、MTV 等产品的片头中,如图 9-19 所示。

项目分析

制作该项目首先需要安装设计字体,然后设计文字元件,再用遮罩动画实现"滤光"效果。本项目可分解为以下任务:

任务 1　安装设计字体。

任务 2　制作遮罩动画。

图 9-19　滤光字效果

项目目标

● 掌握字体的安装方法。

● 掌握混色器的使用方法。

● 掌握遮罩动画的实现方法。

任务 1　安装设计字体

在安装操作系统时,自带的字体称为"系统字体",但是这些字体一般都不能满足设计的要求,所以允许用户自己安装用于设计的字体。这就是设计字体。

操作步骤

①打开【控制面板】,双击其中的"字体"图标,如图 9 - 20 所示。

图 9 - 20　【控制面板】窗口

②打开字体管理程序,如图 9 - 21 所示。

③执行【文件】→【安装新字体】命令,打开【添加字体】对话框,如图 9 - 22 所示。

④选择存放字体文件的驱动器和文件夹,在【字体列表】中选择要添加的字体,这里选"方正启体简体",然后单击【确定】按钮即可安装选定的字体。

知识小·百科

计算机上如果没有安装源文件中所用到的设计字体,就会出现如图 9 - 23 所示的对话框。

如果单击【使用默认值】按钮,那么将使用系统默认的字体来显示,一般效果比较差,所以可以自己选择要替换的字体。

单击【选择替换字体】按钮,打开【字体映射】对话框,如图 9 - 24 所示,可以看到缺少的字体,如"方正黄草简体"。在【替换字体】下拉列表中选择要替换的字体"方正古隶简体",单

171

图 9 - 21　查看字体管理程序

击【确定】按钮,那么源文件中所有的"方正黄草简体"都将以"方正古隶简体"来显示。这样虽然不够完美,但是也不会太难看。

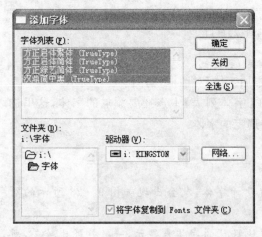

图 9 - 22　添加素材中的设计字体

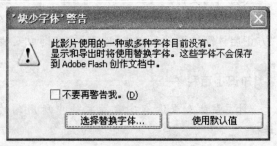

图 9 - 23　提示缺少字体

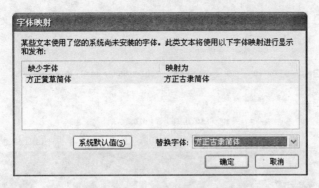

图 9 - 24 【字体映射】对话框

任务2 制作遮罩动画

操作步骤

①创建一个"文字"图形元件。按【Ctrl】+【F8】快捷键,打开【创建新元件】对话框,创建一个名为"文字"的图形元件。

②单击【文本工具】,在【属性】面板中设置字体为白色,字号为 70,如图 9 - 25 所示。然后在图形元件"文字"的场景中写下"同一个世界同一个梦想"几个字。

图 9 - 25 文字【属性】面板

③新建【图层 2】,分别按【Ctrl】+【C】快捷键和【Ctrl】+【Shift】+【V】快捷键,把【图层 1】中的"文字"元件原位复制到【图层 2】中。

④选中【图层 2】中的"文字",按小键盘上的方向键将其向左和向下各移动 2 个像素。目的是为了产生立体感。

⑤选中【图层 2】中的"文字",连续按两次【Ctrl】+【B】快捷键,将其打散;单击【颜料桶】工具,然后按【Shift】+【F9】快捷键,打开【颜色】面板进行如图 9 - 26 所示的参数设置,其中 3 个滑块的颜色分别为"＃FEA030""＃FAC16D"和"＃F4F4F4",Alpha 值均为"100％"。

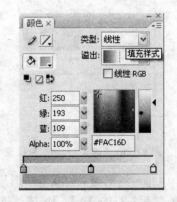

图 9 - 26 "文字"元件混色器设置

贴心·提示

单击【颜色】面板中颜色渐变条可以增加滑块,使色彩更加细腻(滑块最多可有 8 个,最少为 2 个)。按住鼠标左键把滑块拖出面板即可删除。如果对滑块进行一些设置(包括 Alpha 值),则可设计出许多奇妙效果。

⑥设置好【颜色】面板后,用【颜料桶】工具分别单击打散的文字,给文字上色,效果如图 9－27 所示。

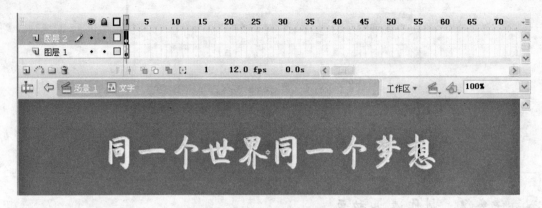

图 9－27　"文字"元件效果

⑦创建一个【滤光】图形元件。单击【矩形工具】□,在元件的场景中,按住鼠标左键拉出一个长条矩形;在【属性】面板中设置矩形的宽和高为 80 像素和 200 像素。

⑧按【Shift】＋【F9】快捷键打开【颜色】面板,进行如图 9－28 所示的参数设置,其中 3 个滑块的颜色均为白色,但 Alpha 值却不一样,分别为 0％、100％、0％。设置好后,用【颜料桶】工具单击矩形。效果如图 9－29 所示。

⑨再复制一个"滤光"元件,效果如图 9－30 所示。

图 9－28　"滤光"元件颜色设置

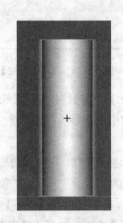

图 9－29　"滤光"元件效果

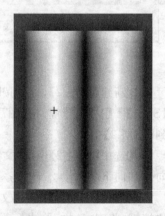

图 9－30　复制"滤光"元件

⑩回到主场景,在【滚动图片】图层上建【图层 8】;在第 80 帧处按【F7】键插入空白关键帧,然后按【Ctrl】＋【L】快捷键打开库,把库中的【文字】元件拖到【图层 8】场景中,按【Ctrl】＋【C】键复制。

⑪在【图层 8】上新建【图层 9】;在第 80 帧处按【F7】键插入空白关键帧,从库中把【滤光】元件拖曳到该层中。

⑫在【图层 9】上新建【图层 10】;在第 80 帧处按【F7】键插入空白关键帧;右键单击场景,执行快捷菜单中的【粘贴到当前位置】命令,把【图层 8】中的【文字】元件原位复制到该层中;分别双击 3 个图层的名称,将它们改为"文字""滤光""遮罩",如图 9－31 所示。

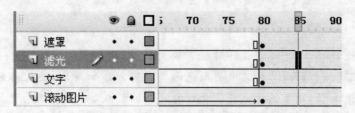

图 9 - 31　"滤光"字图层设置

⑬按住【Ctrl】键,然后分别单击【文字】层和【遮罩】层的第 110 帧,按【F5】键插入普通帧;再单击【滤光】层的第 110 帧,按【F6】键插入关键帧。

⑭单击"滤光"层中的"滤光"元件,按【Ctrl】+【T】快捷键,打开【变形】面板,设置元件的旋转度为 30°,如图 9 - 32 所示。

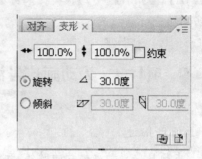

图 9 - 32　【变形】面板

⑮在第 80 帧处将该元件的实例拖入到第一个字的左上角,如图 9 - 33 所示;在第 110 帧处将滤光元件拖入到最后一个字的右下角,如图 9 - 34 所示。

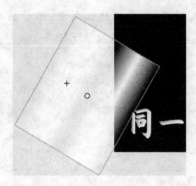

图 9 - 33　"滤光"元件的起始位置

图 9 - 34　"滤光"元件的结束位置

⑯右键单击【滤光】层的第 1 帧,在弹出的快捷菜单中选择【创建补间动画】命令;右键单击【遮罩】层,从快捷菜单中选择【遮罩】命令建立遮罩。主场景时间轴如图 9 - 35 所示。

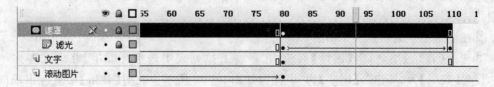

图 9 - 35　"滤光"字图层设置

⑰制作完毕,按【Ctrl】+【Enter】快捷键输出动画,观看动画效果。

项目小结

安装多种设计字体,这样在设计时就有较大的选择余地。"文字"元件和"滤光"元件的产生均利用了【颜色】面板,对其中的颜色渐变条可以增加滑块,使色彩更加细腻,还可修改滑块的 Alpha 值,则可设计出许多奇妙的效果。立体文字可在场景中利用"复制""粘贴到当前位置"命令原样复制再错位来实现。"粘贴到当前位置"命令功能也可利用【Ctrl】+【Shift】+【V】快捷键来实现。遮罩动画的实现是通过倾斜的滤光元件的运动来实现的。

项目4 为动画广告添加背景音乐

项目描述

本项目要求动画播放的时候,音乐随即响起,动画播放一旦结束,音乐随即结束。

项目分析

制作该项目首先将音乐文件"北京欢迎你"导入到库中,单独建立图层;然后插入音乐,设置音乐效果,并通过帧动作设置音乐结束。因此,本项目可分解为以下任务:

任务1 导入音乐。

任务2 设置帧动作。

项目目标

● 掌握音乐的导入、设置方法。

● 掌握用脚本控制音乐的方法。

任务1 导入音乐

操作步骤

①执行【文件】→【导入】→【导入到库】命令,将素材"北京欢迎你.mp3"音乐文件导入到库中。

②在遮罩层上面新建一个图层,命名为"音乐"。

③选中【音乐】层,单击【属性】面板,在声音下拉列表中选择"[群星]北京欢迎你—群星",设置【效果】为"淡出",【同步】为"事件",如图 9-36 所示。此时【音乐】层对应出现的效果如图 9-37 所示。

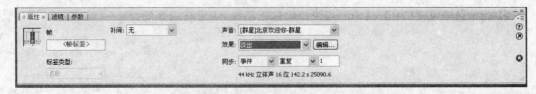

图 9-36 背景音乐属性

176

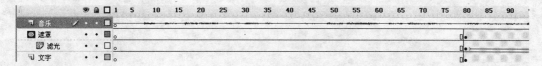

图 9-37 音乐图层

任务 2 设置帧动作

播放时发现动画播放完了,声音还在继续,不能马上停止,这可通过帧动作来进行控制。

操作步骤

①在【音乐】图层的第 135 帧处按【F7】键插入空白关键帧,然后按【F9】键打开【动作】面板,设置帧动作为"stopAllSounds();",即在该帧处停止播放所有的声音。

②选中除【音乐】图层之外的所有图层的第 135 帧处,按【F5】键插入普通帧。

项目小结

动画具有较强的视觉冲击力,而动听的音乐如天籁之音,绕梁三日,久久不绝,两者的结合会使动画锦上添花,如虎添翼。

单 元 小 结

本单元制作一个"奥运宣传"的网页广告,以"鸟巢"主体为背景,古老的建筑和现代的元素交相辉映,承载着中国人的百年奥运梦想。群星演唱的"北京欢迎你"则将中国对奥运的期盼演绎到了极致。本单元共完成 4 个项目,学习后应有以下收获:

- 掌握形状渐变动画的制作方法。
- 掌握淡入动画的制作方法。
- 掌握遮罩动画的制作方法。
- 掌握混色器面板的使用方法。
- 掌握线性渐变的制作方法。
- 掌握帧的有关操作。
- 掌握场景中对象的原样复制方法。
- 掌握按钮动作的添加方法。
- 掌握常用脚本语句的使用方法。

实 训 练 习

(1)设计一个宣传"九寨沟"风景的多个图片的淡入淡出动画。

(2)设计一个具有形状渐变的运动动画,添加两个按钮,一个按钮停止动画,一个按钮播放动画。

(3)制作滤光字"童话的世界,人间的仙境",设置渐变颜色为紫色,字体为"方正综艺简体",字体文件见素材文件。

第**10**单元

创作 "我是明星"
公益 MTV

本单元将详细介绍使用 Flash 制作"我是明星"公益 MTV 全过程。通过本单元的学习，掌握用 Flash 制作 MTV 的构思过程和对图片的处理、背景音乐的加工、歌词字幕的处理等技术。

本单元按以下 5 个项目进行：

项目 1　了解用 Flash 制作 MTV 的过程。

项目 2　设计动画角色与场景。

项目 3　导入"我是明星"歌曲并添加同声歌词。

项目 4　在主时间轴上制作相应的动画。

项目 5　输出动画文件生成影片。

项目 1　了解用 Flash 制作 MTV 的过程

项目描述

当听到一首让人回味无穷的歌曲时,那优美的旋律能触动心灵深处,脑海中便联想出一幅幅画面。在学会了前面章节的 Flash 技术之后,或许会想把这首歌制作成音画合成的 MTV 形式。本项目将介绍如何做好 MTV 前期创意和构思的过程。

项目分析

本项目是制作一个公益 MTV,作品主题取材于现实生活,以宣传地震救灾募捐为主题进行的公益 MTV 音乐创作。动画作品时长 3 分钟,配有背景音乐,音乐选曲为周华健的"我是明星",主旨是提倡"我参与! 我奉献! 我自豪!"的仁爱之心。本项目可分解为以下任务:

任务 1　了解 Flash MTV 作品的创作过程。

任务 2　选取"我是明星"作品音乐、文字、图片等相关素材。

项目目标

● 熟悉 Flash MTV 作品的创作过程。

● 掌握"我是明星"作品音乐、文字、图片等相关素材的选取方法。

任务 1　了解 Flash MTV 作品的创作过程

当对某一首歌特别喜欢时,是如何去构思和创作一个 Flash MTV 的呢?

1. 对歌曲的感性认识

首先要对这首歌有一个模糊的构思,譬如,怎么去表现这首歌? 用哪种画法? 用哪种主色调? 有什么样的故事情节? 准备营造怎么样的氛围? 等等,然后再进一步思考创作过程所需素材。可从网络下载相关的音乐、文字、图片等备用。

2. 人物创作

根据剧情画好人物的正面、侧面、形体等,到时候需要用到人物的时候就直接套用,需要表情变化时就新建一个组件,再在原来的基础上修改一下就行了。

3. 场景创作

场景在 MTV 中烘托气氛是非常关键的,场景做得越细,就越能使 Flash 作品精致。一般来讲,Flash 中最好是使用矢量图作为背景,因为分辨率掌握不好会破坏整体效果。当然,熟练掌握导入位图技术,也可以省些精力。

4. 导入歌曲

导入歌曲后制作者就是 MTV 的导演啦,一定要把握场景的变换和整个 MTV 的节奏。一般来讲,慢歌用渐变切换场景,感觉比较柔和;快歌用空白关键帧切换场景,感觉比较利落,也比较容易适应节奏。如果快歌里不断地根据节奏快速变换场景也是很赏心悦目的。

5.配歌词

MTV 制作好后,大致看看效果就该配歌词了。其实歌词所用的字体和颜色也是非常关键的,在卡通中不妨让字体活泼一点,变化多一点。歌词放在屏幕的位置也是构成画面好坏的关键。最常见是将歌词放在画面最下方中间的位置,有点套用电视台的出字效果,便于阅读。

任务 2   选取"我是明星"作品音乐、文字、图片等相关素材

还有一种 MTV 是先有主题,再找合适的音乐,这种方式可用于公益性质的 Flash MTV 的创作。

最近几年全世界各地先后出现了类同海啸、地震、雪灾的大自然灾难,如:2008 年我国的汶川 8.8 级大地震以及 2009 年海地 7.3 级大地震和"4.14"青海玉树 7.1 级大地震等。当灾区人民生存在恶劣环境中,衣食无靠时,来自世界各地的人们伸出友爱之手,积极参与到救助工作中来,为灾区献出自己的一份力量。

本作品就是以宣传地震救灾募捐为主题进行的公益 MTV 音乐创作,音乐选曲为周华健的"我是明星",主旨是提倡"我参与! 我奉献! 我自豪!"的仁爱之心,体现了全世界人民的"人道主义"精神。

基于这一主题,作品在选材上侧重纪实性的画面,如图 10-1 所示;红十字徽标和和平鸽,如图 10-2 所示,以及捐款箱、红色宣传横幅和红旗等,体现了在救灾过程中,一方有难,八方支援的精神。

图 10-1   "我是明星"公益 MTV 所选的纪实性画面

图 10-2   红十字徽标与和平鸽

本作品的主人翁是一名中学生,他站在红旗下,宣读倡议书,号召大家为灾区的人们募捐,接着先后出现国内国外灾区的人们受到救助后的真实感人画面,最后加上文字来唱响人们的心声。

项目小结

　　用 Flash 制作 MTV 时,首先必须有个好的创意和构思,这样才会恰如其分地将歌曲的寓意通过优美的画面传达给观众。另外,了解了 MTV 制作的完整过程后,就可以方便地学习后面的内容。

项目 2　设计动画角色与场景

项目描述

　　从网上下载一些与汶川大地震和海地大地震相关的图像,用图形软件修改尺寸后导入到 Flash 中,并制作成图形元件备用。在 Flash 中要根据剧情有侧重性地制作相应的元件动画,将主人翁的元件动画制作得丰富一些,而与救灾相关的图像则加工得简单些。

　　影片预览效果如图 10-3 所示。

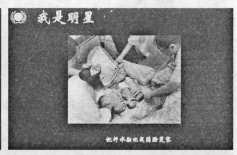

图 10-3　影片预览效果

项目分析

　　本项目主要任务是绘制志愿者、鸽子、人群以及场景的矢量原画和制作动画,以及将与地震相关的位图导入到 Flash 中生成图形元件。本项目可分解为以下任务:

　　任务 1　制作志愿者角色与鸽子等元件动画。

任务2 制作红十字徽标动画和红旗飘动动画。

任务3 处理与地震相关的图像资料。

项目目标

● 掌握矢量图的绘制过程及元件动画的创建方法。

● 掌握导入序列位图并创建动画的方法。

任务1 制作志愿者角色与鸽子等元件动画

操作步骤

❶启动 Flash CS3 后,单击【Flash 文件(ActionScript 2.0)】选项新建一个文档,在【属性】面板中将大小设为 720×576 像素,帧频为 24fps。

❷在 Flash 中用鼠标绘制志愿者角色。按【Ctrl】+【F8】快捷键先后新建 4 个图形元件,分别取名为"男孩－背影"、"男孩－低头"、"男孩－低头全身"、"男孩－头发飘动",绘制效果如图 10－4 所示。

图 10－4 志愿者角色的几个角度

贴心提示

男孩是这个动画中的主要角色,所以要细化他的表情和动作。譬如,头发被风吹动,眼睛或者是嘴巴能够单独做成一个图形元件实现丰富的脸部表情。这需要花费些功夫来实现,这里只是将头发做成动态效果。

❸单击【场景 1】回到主场景。按【Ctrl】+【F8】快捷键新建"鸽子"图形元件。在逐帧动画中注意它的运动规律,如图 10－5 所示。

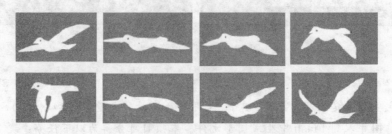

图 10－5 "鸽子"图形元件的逐帧动画

任务 2　制作红十字徽标动画和红旗飘动动画

操作步骤

①单击【场景 1】回到主场景。按【Ctrl】+【F8】快捷键新建"红十字徽标"图形元件。

②按【Ctrl】+【R】快捷键将"红十字会徽标"图片导入到舞台,执行【修改】→【位图】→【转换位图为矢量图】命令,将位图转换为矢量图。选中全部,按【F8】键转换成图形元件。

③输入文字"我是明星",选中全部,按【F8】键将其转换成"我是明星"影片剪辑元件;双击并打开该影片剪辑元件。

④在时间轴上新建一图层"白点飘动",按【Ctrl】+【F8】快捷键新建"白点飘动"影片剪辑元件,做成白点自左向右按曲线轨迹飘走的动画。

⑤返回上一层"我是明星"影片剪辑元件,从库中拖动若干个"白点飘动"影片剪辑到舞台中。效果如图 10 - 6 所示。

图 10 - 6　"红十字徽标"动画

⑥单击【场景 1】回到主场景。按【Ctrl】+【F8】快捷键新建"旗帜"图形元件,制作逐帧动画,效果如图 10 - 7 所示。

图 10 - 7　"旗帜"图形元件的逐帧动画

⑦绘制学校教学楼、主席台、人群等场景,如图 10 - 8 所示。

图 10 - 8　制作校园募捐场景

任务3　处理与地震相关的图像资料

操作步骤

①单击【场景 1】回到主场景，按【Ctrl】+【F8】快捷键新建"天空"图形元件。

②按【Ctrl】+【R】快捷键，将一张有好看云彩的天空图片导入到舞台，执行【修改】→【位图】→【转换位图为矢量图】命令，将位图转换为矢量图；使用工具箱中的【套索工具】将天空中的蓝色删除，保留好看的云彩，然后按【F8】键转换成"云"图形元件。

③在时间轴上新建一个图层，使用【渐变工具】绘制天空，然后将"云"图形元件制作成缓慢运动的动画效果，如图 10-9 所示。

④单击【场景 1】，返回主场景。执行【文件】→【导入】→【导入到库】命令，将所有的图像保存到库中，以便随时拖动到舞台中制作动画。

图 10-9　制作蓝天白云动画场景

贴心提示

通过网络资源下载的图片尺寸不要太小，在导入到 Flash 的库之前最好使用 Photoshop 软件对其大小和图片上的文字标志加以处理。

项目小结

本项目主要是绘制"我是明星"MTV 作品中涉及到的角色、动画场景元件，以及将与地震相关的位图导入到 Flash 中生成图形元件，为下一步主时间轴整体动画做准备。

项目3　导入"我是明星"歌曲并添加同声歌词

项目描述

MTV 也叫做可视化的音乐电视。画面和音乐是其必然的两个要素，这里将制作一首歌曲如何在 Flash 中实现同声歌词的效果。

项目分析

在歌曲导入 Flash 之后，完成歌词和声音同步操作。本项目可分解为以下任务：

任务1　把"我是明星"歌曲导入到 Flash 中。

任务2　添加歌词。

项目目标

● 掌握 Flash 歌曲中声音的处理技巧。

● 掌握同声配置歌词的方法。

任务 1　把"我是明星"歌曲导入到 Flash 中

操作步骤

①单击【场景 1】回到主场景。单击时间轴中的【插入文件夹】按钮,为文件夹起名"音乐字幕";新建图层,按【Ctrl】+【R】快捷键将音乐"我是明星.mp3"导入到库中。

②双击图层名称,将其改名为"音乐"。

③按【Ctrl】+【L】快捷键打开【库】面板,鼠标右击"我是明星.mp3"音乐元件,在弹出的快捷菜单中选择【属性】命令,将属性设置为 MP3、16kbps、快速。

④将音乐元件拖入场景。

⑤单击时间轴第 1 帧,按【Ctrl】+【F】快捷键打开音乐【属性】面板,将【同步】设置为"数据流"。

⑥任选一帧并单击鼠标右键,在弹出的快捷菜单中选择"插入帧"命令,插入帧。

任务 2　添加歌词

操作步骤

①单击【场景 1】返回主场景。打开时间轴上的"音乐字幕"文件夹,新建图层【字幕】。

②按【Enter】键倾听音乐,在听到第 1 句"有一个梦"音乐时再次按【Enter】键使时间帧停止,按【F7】键插入空白关键帧。

③打开标尺,拖出一条水平参考线,方便所有歌词在水平线同一位置显示;使用【文字工具】输入"有一个梦"的文字,对齐参考线。如图 10-10 所示。

④按【Enter】键继续听音乐,然后重复第 2 步的过程,输入其余的歌词。歌词效果可以采用字体特效使 MTV 更生动活泼。

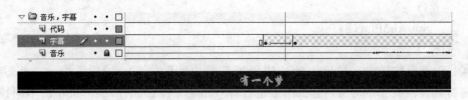

图 10-10　歌词字幕

项目小结

本项目主要是完成歌词和声音的同步操作。

 项目 4　在主时间轴上制作相应的动画

项目描述

在音乐的伴奏下,根据构思在主时间轴上完成 MTV 的整体动画,实现音画合成。

项目分析

将库中制作好的各种元件,按剧情构思分阶段完成动画效果。本项目可分解为以下任务:

任务1 添加总遮罩和播放、返回按钮控制影片的播放。

任务2 根据音乐节奏完成MTV的动画画面。

项目目标

● 掌握添加可控制播放和返回按钮的方法。

● 掌握根据音乐节奏完成MTV制作的方法。

任务1 添加总遮罩和播放、返回按钮控制影片的播放

操作步骤

①制作总遮罩层。单击【场景1】返回主场景;单击时间轴中的【插入文件夹】按钮,为文件夹起名"开场";新建图层【宽屏幕】,使用工具箱中的【矩形工具】绘制一个中间空四周为黑色的图形,作为画面的总遮罩层,使画面更整齐美观。

②为使开头和结尾有停止画面,分别选中第1帧和最后1帧,按【F9】键打开【动作】面板,分别输入如下脚本:

```
stop();
```

③制作播放按钮。新建图层【play按钮】,在图层第1帧处使用工具箱中的【文字工具】输入"play"文字,按【F8】键将其转换成"play"按钮元件;双击打开"play"按钮元件,编辑按钮的不同控制状态;返回主场景,选中"play"按钮元件,按【F9】键打开【动作】面板,输入如下脚本:

```
on (release){
gotoAndPlay(2);
}
```

④制作返回按钮。在最后1帧处使用工具箱中的【文字工具】输入"replay"文字,按【F8】键将其转换成"replay"按钮元件;双击打开"replay"按钮元件,编辑按钮的不同控制状态;返回主场景,选中"replay"按钮元件,按【F9】键打开【动作】面板,输入如下脚本:

```
on (release){
gotoAndPlay(1);
}
```

任务2 根据音乐节奏完成MTV的动画画面

操作步骤

①制作开场画面。使用【文字工具】输入MTV的主题、演唱者、制作人等文字,如图10-11所示。

②将"鸽子"动画元件拖入到天空。鸽子在蓝天白云中自由飞翔象征美好的生活,也代

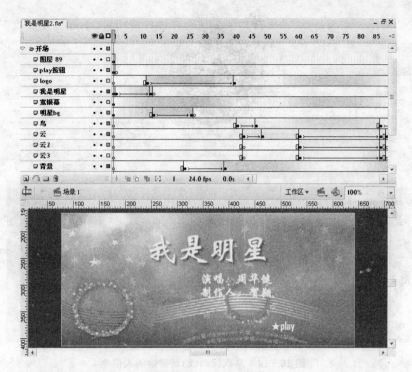

图 10－11　MTV 片头

表志愿者的纯洁无暇的内心,如图 10－12 所示。

图 10－12　象征美好社会的鸽子信使在晴朗的天空中飞翔(开篇)

③场景 1 制作。主人翁出场,小男孩在红旗下放声歌唱,神情有些忧伤,如图 10－13
所示。

图 10－13　生长在国旗下的主人翁出场,神情黯然

④场景 2 制作。采取行动,动员身边的人们。在学校校园里,小男孩在红旗下宣读一封倡议书,观众越聚越多,如图 10-14 所示。

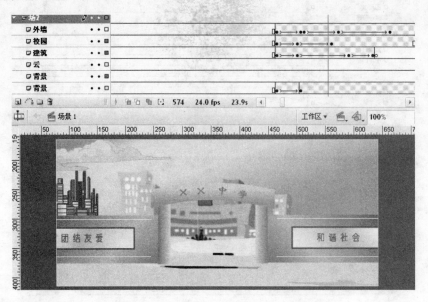

图 10-14 采取行动,动员身边的人们

⑤场景 3 制作。全校师生参与进来,为灾区人们奉献爱心。首先,画面展示出"情系灾区 共献爱心 齐心协力 抗震救灾"的条幅。然后,是人们纷纷上前捐钱捐物,如图 10-15 所示。

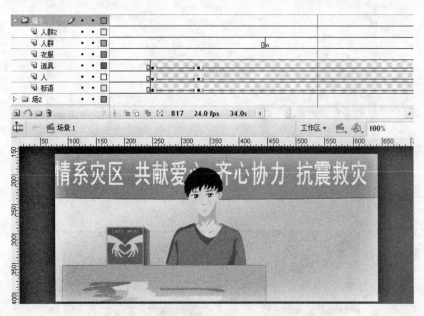

图 10-15 全校师生参与进来,为灾区人民奉献爱心

⑥场景 4 制作。受灾群众接受来自志愿者的帮助。首先将库中的位图拖到舞台上,画面一一展示出来,表示汶川受灾的人们接受到来自祖国四面八方的资助;然后,地球转动,时

空转换,在海地的人们也收到来自中国人民的无私捐助,如图 10 - 16 所示。

图 10 - 16　受灾群众受到来自志愿者的帮助

⑦结束场景制作。点题出现"我参与 我奉献 我自豪""救灾,我们责无旁贷"的心声。

项目小结

通过文件夹管理将构思分阶段进行动画制作,便于编辑和修改。动画中使用最多的是图形元件,便于音画同步。

项目 5　输出动画文件生成影片

项目描述

Flash 作品完成之后就应该进行影片的发布工作,便于其他人观看。

项目分析

作品最后上交之前要输出成能够脱离原制作程序(Flash)的独立播放文件,方便其他人在电脑上或者是在网络上直接观看。

项目目标

● 掌握测试与发布 Flash 的方法。

操 作 步 骤

①测试 Flash 作品。首先,按【Ctrl+Enter】快捷键测试影片,然后,记录不合适或不满意的地方,回到主场景作修改调整。

②输出 Flash 作品。首先,按【Ctrl+S】快捷键保存文件,然后按【Ctrl+Shift+F12】快捷键,打开【发布】对话框,勾选"Flash"和"Windows 放映文件(.exe)"类型,单击【发布】按钮。

项目小结

多次测试影片,调整作品动画细节,不断完善作品,最终实现影片的发布任务。

单 元 小 结

本单元共完成 5 个项目,学习后应有以下收获:

- 了解 Flash MTV 作品创作的过程。
- 掌握选取并处理相关素材的方法。
- 掌握矢量图的绘制过程及创建元件动画的方法。
- 会导入序列位图,并创建动画。
- 掌握 Flash 歌曲中声音的处理技巧。
- 掌握同声配置歌词的方法。
- 掌握添加可控制播放和返回按钮的方法。
- 能够根据音乐节奏完成 MTV 制作。
- 掌握测试与发布 Flash 影片的方法。

第 11 单元

创作"珍爱生命,关注交通安全"动画短片

本单元详细介绍了使用 Flash 制作"珍爱生命,关注交通安全"动画短片全过程。通过本单元的学习,掌握 Flash 制作动画短片的剧本创作、分场景动画、录音音效合成等技术。

本单元按以下 4 个项目进行:

项目1　创作动画剧本。

项目2　设计动画角色与场景。

项目3　录音以及音效合成。

项目4　添加预载入动画条,输出成影片。

项目1　创作动画剧本

项目描述

Flash 动画短片的创作要有一个好的故事,要立意新,境界不俗;不仅要主题明确,还要内容丰富,画面动作精彩。这里从创作故事型短片应注意的几个方面着手,来描述"珍爱生命,注重交通安全"的剧本创作过程。

项目分析

本项目是创作一个与交通安全有关的故事剧本。本项目可分解为以下任务:

任务1　了解创作故事型动画短片的注意事项。

任务2　创作以"珍爱生命,注重交通安全"为主题的剧本。

项目目标

● 掌握创作故事型短片应注意的几个方面。

● 了解"珍爱生命,注重交通安全"的剧本创作思路。

任务1　了解创作故事型动画短片的注意事项

在各大动画节上我们看到的主题类动画短片和有着动画形式的广告,其实都可以划入动画短片范畴。Flash 动画短片的成功之处在于有好的创意。Flash 动画短片时间较短,在很短的时间内,既要吸引观众的"眼球"、又要用轻松幽默的风格讲述一个完整的故事,这的确不是一件容易的事情。

动画剧本的创作,主要是指创作情节剧,就是有人物、讲故事的动画短片。有人说:"艺术创作来源于生活",创作者需要对周围事件有真实的感受和体验才能创作出好的故事。

在创作故事型短片时应注意以下几个方面:

1. 短片要有一个好的故事立意

一部动画短片,首先是建立在一个框架基础上的,内容要有立意和思想,如果暂时没有也没有关系,可以先用别人的故事,或者是在路上听到的一句话,这些都可以作为故事的内容。有了构思之后,要先在自己的大脑里面过滤一下让它更清晰,然后用最快的速度写出故事概要,接着确立故事的风格和画面的色调。有了这些,就可以创作剧本了。

2. 故事情节要跌宕起伏

故事短片的结构一般是:起因—发展—高潮—结尾。

Flash 短片的故事结构一般比较简明单纯,故事情节易懂,三分钟到十几分钟是比较常见的短篇容量,可以讲一个起承转合比较完整的故事。

3. 丰富的画面镜头语言

画面镜头是动漫语言的特殊表现方式。远景、大全景、全景、中景、近景、特写、大特写等不同镜头的选用需要根据剧情而定,每个镜头的使用都是为了使观众更容易看清楚,便于了解剧情内容,让观众产生人物活动、场景运动的视觉感受。

4. 恰如其分的音效合成

动画片是一种视听艺术,如果没有音乐,那么它的表现力就会大打折扣。动画片中若拥有可爱夸张的人物、精美缤纷的画面、离奇曲折的情节,再配上恰如其分的音乐元素,就能完全把观众吸引住。动画制作人员能根据不同场景、不同人物心理、不同情绪为动画片配上合适的音乐,特别是好的音乐,可以创设特定的情景、烘托气氛,让观众有一种置身其中的美妙感觉。

任务 2　创作以"珍爱生命,注重交通安全"为主题的剧本

1. 剧本创作背景

现代社会中的人们越来越关注饮食、生活、休闲等方面的健康情况,交通安全同样也引起了人们的关注。每年因交通事故死亡的人不计其数,交通事故时时刻刻都在发生,它就像威力十足的炸弹,一时大意,这颗埋伏在我们身边的炸弹就会爆炸,导致家庭破碎,人心悲苦,一幕幕的悲剧纷纷上演。

生命如盛开的鲜花,我们应该珍惜它。但有些学生却疏于交通安全意识,置安全教育于脑后,殊不知危险可能就在刹那间发生,后悔之晚矣!

故事就是在这种情况下写出来的……

2. 剧情构思

故事的主人公喜欢在快车道速滑,这样上学很酷、很帅,却不知危险就在其中!有一次他在车辆比较多的路上滑冰出了车祸,重伤进了医院,结果既耽误功课又失去健康,他很后悔!最后呼吁大家要注意交通安全,珍爱生命。

起因:主人公不重视安全课,认为所有的倒霉事都不会发生在自己身上。

发展:主人公新买了一双旱冰鞋,刚学会滑时也不分时间地点,竟然到车辆比较多的地方炫耀自己的滑冰技术。

高潮:危险就在身边,有一次主人公被十字路口飞奔过来的卡车撞上了,随后送入医院。

结尾:在主人公被抢救过来后,他才发现原来危险来源于那一刹那间,平时树立安全保护意识多么重要!

3. 写出分镜头剧本

场景 1:学校教学楼外,红旗飘飘(远景)(上课铃声响起)。

场景 2:教室内,全班同学都在认真上课(全景)。

场景 3:一个美丽大方的女老师在讲与安全有关的知识(中景)(讲课声)。

场景 4:黑板上写着"安全重于泰山"等粉笔字(近景)。

场景 5:墙上贴有与安全有关的宣传专栏(短镜头,跟)。

场景 6:从后面看整个教室(长镜头,拉)。

场景 7:小明趴在桌上呼呼睡觉(近景)(打呼噜声)。

场景 8:小明梦境中出现了他穿新旱冰鞋的样子(特写)。

场景 9:第二天,小明穿着新买的旱冰鞋在公路快车道上滑行(中景)(车子行驶声)。

场景 10:他为了滑得快些,在快车道上与疾驰的汽车比速度,穿梭于车龙中,迎面而来的车子快速驶过(俯视)(车子行驶声)。

场景11：有一天，小明过十字路口左右看到没有车辆，就想闯红灯过去（远景）。

场景12：没想到一辆卡车自另一条公路飞奔过来，刹那间，小明被轧上了（中景）（碰撞声）。

场景13：救护车过来抬走受伤的小明（闪白过场）（救护车声）。

场景14：病房内，头上包着纱布的小明躺在床上，护士为他输液（远景）。

场景15：小明流着泪，很后悔没有听老师平时的教诲（旁白）。

场景16：提示大家"珍爱生命，关注交通安全"。

项目小结

　　一个具有丰富想象力、故事情节跌宕起伏的剧本是故事型短片的精髓。在制作动画过程中还需要精美的画面、恰当的音效和台词以及表达准确的镜头语言都是好 Flash 动画必不可少的元素。

 # 项目2　设计动画角色与场景

项目描述

　　在 Flash 中要根据剧情需要分别将主要人物（如老师和学生）制作成动态的图形元件，而其他几个场景和车辆等道具可以是静态的图形元件。

　　其影片预览如图 11-1 所示。

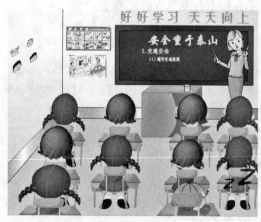

1. 学校安全课上小明在睡觉，连做梦都在想着穿着新买的滑冰鞋来上学。

2. 小明在车来车往的大马路上滑旱冰！横冲直撞的行为让人心惊肉跳！

 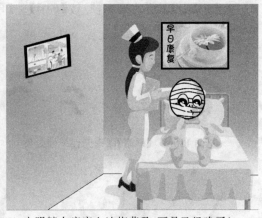

3.结果有一天他不幸被一辆卡车撞伤在地,送进
了医院。

4.小明躺在病床上追悔莫及,可是已经晚了!

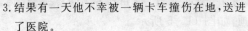

图 11-1 "珍爱生命,关注交通安全"分镜场景截图

项目分析

从网上下载一些与街道、车辆、人物等相关的图像,用图形软件修改尺寸后导入到 Flash
中,通过矢量工具对其描摹成矢量图。本项目可分解为以下任务:

任务 1　设计老师和小明的角色。

任务 2　设计场景。

项目目标

● 掌握绘制矢量图人物及创建图形元件的方法。

● 掌握多场景展现动画剧情技巧。

任务 1　设计老师和小明的角色

操作步骤

①启动 Flash CS3 后,选择【Flash 文件(ActionScript 2.0)】选项新建一个文档,在【属
性】面板中将大小设为 700×550 像素,帧
频为 12fps。

②在 Flash 中用鼠标绘制老师角色,效
果如图 11-2 所示;按【Ctrl】+【F8】快捷键
先后新建一个"教师"图形元件。教师是这
个动画中的主要角色,所以要细化她的表
情和动作。这里,新建 8 个图层,分别起名
为"手 1""眼睛""嘴""教师头""身子""脖
子"和"手 2""其他",方便下一步制作表情
动画和肢体动作。

图 11-2 教师角色的设计

③选中【眼睛】图层的第 1 帧,按【Ctrl】+【F8】快捷键创建"眼睛"图形元件,制作逐帧动
画,如图 11-3 所示。

④选中【嘴】图层的第 1 帧,按【Ctrl】+【F8】快捷键创建【嘴巴】图形元件,制作逐帧动画,如图 11-4 所示。

图 11-3 【眼睛】图形元件单帧效果   图 11-4 【嘴巴】图形元件单帧效果

图 11-5 【教师】图形元件分层绘制

⑤选中【其他】图层的第 1 帧,按【Ctrl】+【F8】快捷键分别创建"手 2""手 1""头""脖子"和"身子"图形元件,各自围绕中心点制作运动动画,如图 11-5 所示。

⑥在其他图形软件中绘制小明角色,并按【Ctrl】+【R】快捷键,导入到 Flash 中。

⑦按【F8】键打开【库】面板,再按【Ctrl】+【F8】快捷键先后创建"小明趴在桌上睡觉""小明滑旱冰""小明害怕"图形元件,如图 11-6 所示。

⑧按【F8】键打开【库】面板,再按【Ctrl】+【F8】快捷键创建【小明滑旱冰】图形元件,这里只需要将其水平翻转就行了,如图 11-7 所示。

图 11-6 创建小明的各种形态图形元件

图 11-7 创建小明路上滑旱冰图形元件

任务 2　设计场景

　　由于动画短片根据剧情会出现不同角度的场景变换，针对元件多、动画比较复杂的情况，最好是分场景来设计动画片段。Flash 中每一个场景都有独立的时间轴。按【Shift】＋【F12】快捷键打开【场景】面板，如图 11－8 所示。这里，新建"开始""教室内""在路上学滑冰""滑冰近景""出车祸""医院""结尾"7 个场景，便于后期修改。在【时间轴】面板底端可以找到【场景】按钮，方便选择不同的场景。

图 11－8　【场景】面板

操作步骤

　　①在【场景】面板中鼠标单击【新建场景】＋ 按钮，新建一个场景；双击图标文字，重命名为"开始"场景。其时间轴图层设置如图 11－9 所示。

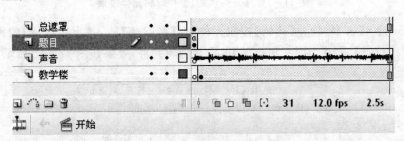

图 11－9　开始场景中的时间轴

　　②每一个场景最上端的图层都要制作相同大小和位置的总遮罩层，使文档发布后整体效果美观，如图 11－10 所示。

图 11－10　总遮罩层中间是挖空的

　　③在【题目】图层的第 1 帧处按【Ctrl】＋【F8】快捷键，创建【开头动画】影片剪辑元件，动画效果如图 11－11 所示。

　　④在【题目】图层的第 1 帧中，按【F9】键打开【动作】面板，输入如下脚本：

stop();

图 11 - 11　【开头动画】影片剪辑元件效果

⑤按【Ctrl】+【F8】键创建【开始】按钮元件,在【弹起帧】插入【小明滑冰】的影片剪辑元件;在【指针经过帧】插入【小明头包布哭】的影片剪辑元件,效果如图 11 - 12 所示。

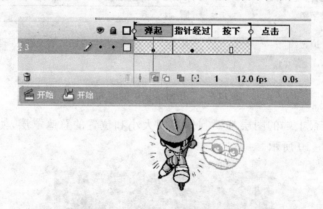

图 11 - 12　个性化的开始按钮

⑥返回主场景,选中【开始】按钮,按【F9】键打开【动作】面板,输入如下脚本:

```
on (release){
    gotoAndPlay(2);
}
```

⑦在【声音】图层的第 1 帧中导入"入场.mp3"声音。有关声音的处理将在项目 3 中做详细介绍。

⑧在【教学楼】图层的第 2 帧中,按【Ctrl】+【F8】快捷键创建【组合】图形元件,有白云飘动、红旗飘动和钟表指针走动效果,截图如图 11 - 13 所示。

⑨在【场景】面板中单击【新建场景】✚ 按钮,新建一个场景;双击图标文字,重命名为【教室内】场景。其时间轴图层设置如图 11 - 14 所示。教室内老师讲课而小明睡觉的剧情截图如图 11 - 15 所示。

图 11 - 13　教学楼外景

图 11 - 14　教室内场景时间轴

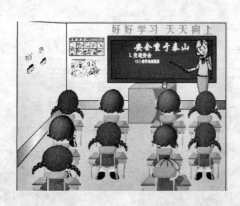

图 11 - 15　教室内老师讲课而小明睡觉的截图

⑩在【场景】面板中单击【新建场景】➕按钮,新建一个场景;双击图标文字,重命名为【在路上学轮滑】场景。其时间轴图层设置如图 11 - 16 所示。

⑪在【场景】面板中单击【新建场景】➕按钮,新建一个场景;双击图标文字,重命名为【轮滑近景】场景。其时间轴图层设置如图 11 - 17 所示。

⑫在【场景】面板中单击【新建场景】➕按钮,新建一个场景;双击图标文字,重命名为【出车祸】场景。其时间轴图层设置如图 11 - 18 所示。

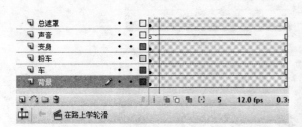

图 11-16　在路上学轮滑场景时间轴及场景动画

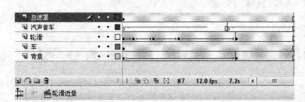

图 11-17　轮滑近景场景时间轴及场景动画

图 11-18　出车祸场景时间轴及场景动画

⑬在【场景】面板中单击【新建场景】➕按钮,新建一个场景;双击图标文字,重命名为【医院】场景。其时间轴图层设置如图 11－19 所示。

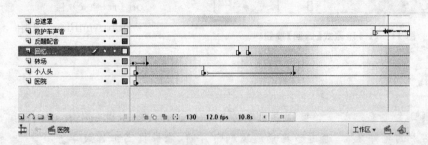

图 11－19　医院场景时间轴及场景动画

⑭在【场景】面板中单击【新建场景】➕按钮,新建一个场景;双击图标文字,重命名为【结尾】场景。其时间轴图层设置如图 11－20 所示。

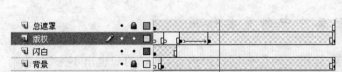

图 11－20　结尾场景时间轴及场景动画

⏰**贴心·提示**

在"结尾"场景的"版权"图层最后 1 帧,用【矩形工具】绘制占整个屏幕的矩形,按【F8】键转换成【返回】按钮元件,然后将关键帧移动到【点击】帧处,可以定义一个点击区域,如图11－21 所示。

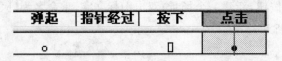

图 11－21　隐藏式【返回】按钮

⑭返回主场景，选中【返回】按钮元件，按【F9】键打开【动作】面板，输入如下脚本：

```
on（release）{
    gotoAndPlay("开始", 1);
}
```

项目小结

　　本项目主要是完成一个短片中的元件和动画制作。要养成一个良好的习惯，即规范命名作品中的元件名称，通过多场景展现剧情片断，能够提高工作效率。

 项目 3　录音以及音效合成

项目描述

　　动画片是生活的真实记录，当然缺不了声音这个关键要素。恰当的配音或音效将为其增添鲜活的生命力！

项目分析

　　通过第三方录音软件实现旁白录音，或者是在网上找些现成的音效作为背景音源。然后把这些声音导入到 Flash 的库中再进行简单加工，实现动画的音画合成。本项目可分解为以下任务：

　　任务 1　了解声音在动画片中的重要作用。

　　任务 2　将声音导入到动画中并进行处理。

项目目标

● 掌握声音元素在动画片中的合理应用。

● 掌握在 Flash 中的音效处理技术。

任务 1　了解声音在动画片中的重要作用

　　声音是动画中不可缺少的要素，套用一句广告词："没声音，再好的戏也出不来"。没有了声音，舞台会顿失色彩，没有了生气；没有相得益彰的音乐、音响，一部 Flash 动画短片很难做到在第一时间打动观赏者。音乐、音响是 Flash 动画短片的灵动之魂，巧用音乐、音响，往往会在创作中起到四两拨千斤的作用。

　　对音乐、音响的应用要把握好以下两点：一是音乐、音响要与短片所表现的内容和主题相适合。如果短片内容是舒缓的，那么太过尖锐的音乐、音响就会破坏短片整体的和谐。相反，如果整个作品动感十足，那么平淡的音乐、音响就会成为作品的败笔。二是音乐、音响的运用要恰到好处。花哨纷乱的音乐和音响会给整部短片带来负面影响，一味地追求音乐、音响的风格化、独特化，往往会给人一种病态感，审美就更无从谈起了。所以在音效的选用上，对"度"的把握是很有必要的。

音乐、音响的主要功能是表现主题、服务内容，不是创作的中心和重点。创作者对音乐、音响的选用、控制，从整体上讲，要与整部作品的风格相配合；从细节上讲，则要与每一个画面、镜头相配合。创作者对音乐、音响的把握和处理可以反映出对短片细节的关注程度、对短片艺术品味的追求程度。以卜桦的《猫》为例（如图 11 - 22 所示），这部短片选用了为电影《末代皇帝》创作的曲子。音乐将那对流浪猫母子之间既温柔又坚强的爱表现得淋漓尽致。

付出，就是这个世界上看得见摸得着的幸福！
爱，就是让我们不枉活一世的理由！
Giving, is the tangible happiness in this world.
Love, is the reason why we won't feel sorry for our life.

图 11 - 22　卜桦的《猫》

任务 2　将声音导入到动画中并进行处理

操作步骤

①打开需要添加音效的场景，在时间轴上新建一个图层，从库中把音效元件拖到场景中。

②在声音面板属性中，将【同步】选项改为【数据流】，如图 11 - 23 所示，当按【Enter】键时可以暂停音乐的播放。

③如果想要修改时间轴中的声音，可以在声音面板【属性】中单击【编辑】按钮，打开【编辑封套】面板，进行淡入、淡出、声高声低的控制，如图 11 - 24 所示。

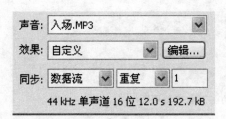

图 11 - 23　音效属性

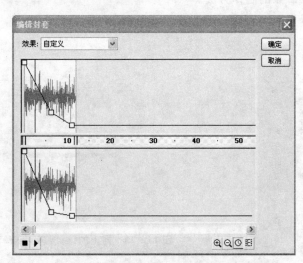

图 11 - 24　【编辑封套】对话框的声音淡出

项目小结

本项目说明声音是动画片中不可或缺的元素，能够提升动画整体效果，为动画注入鲜活的生命力；同时还涉及到声音在 Flash 中的简单编辑操作技巧。

项目 4　添加预载入动画条,输出成影片

项目描述

当 Flash 作品完成之后需要发布成影片,但有时也需要上传到网上便于更多的人在线观看。如果文档很大,在线观看需要下载很长时间时,可以添加预载入动画(Loading 条),以提醒人们还需要多长时间可以观看。

项目分析

作品最后上交之前要输出成能够脱离原制作程序(Flash)的独立播放文件,方便任何人在电脑上或者是在网络上直接观看。本项目可分解为以下任务:

任务 1　添加预载入动画。

任务 2　测试与发布 Flash 作品。

项目目标

● 了解预载入动画,即 Loading 的脚本制作。

● 掌握测试与发布 Flash 的方法。

任务 1　添加预载入动画(即 Loading 条)

这里借鉴网上的《小惠 & 小普》动画下载等待页面(如图 11 - 25 所示)为例来讲 Loading 条的制作方法。

图 11 - 25　网上的《小惠 & 小普》动画下载等待页面

操作步骤

①修改【开始】场景的时间轴图层,如图 11 - 26 所示。

②新建一个【角本】图层,在第 2 帧加入如下动作代码:

```
byteloaded = _root.getBytesLoaded();
bytetotal = _root.getBytesTotal();
```

204

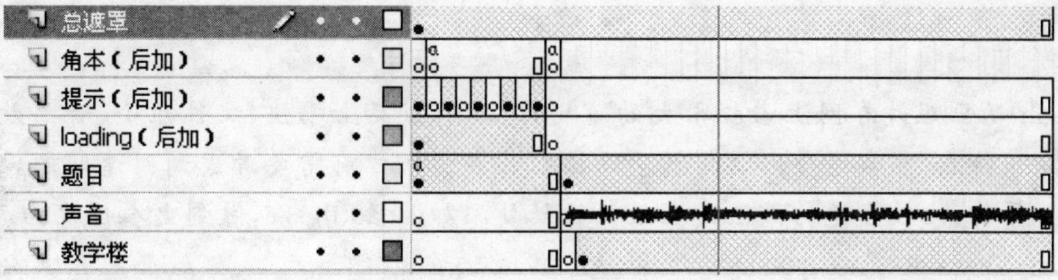
总遮罩
角本(后加)
提示(后加)
loading(后加)
题目
声音
教学楼

图 11－26　有下载条的图层

```
loaded = int(byteloaded / bytetotal * 100);
percent = loaded+"%";
load_bar.gotoAndStop(loaded); // load_bar 为下面 Loading 条影片剪辑元件的实例名
```

③在该图层的第 10 帧加入如下动作代码：

```
if (byteloaded == bytetotal)
{
    gotoAndPlay(11);
}
else
{
    gotoAndPlay(2);
}
```

④用渐变动画制作 Loading 条影片剪辑元件,并为实例命名"load_bar",如图 11－27 所示。

影片剪辑
load_bar

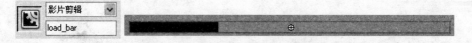

图 11－27　Loading 条

⑤在第 11 帧添加【播放】按钮,控制动画播放。

任务 2　测试与发布 Flash 作品

操作步骤

①测试 Flash 作品。首先按【Ctrl】+【Enter】测试影片,然后,记录不合适或不满意的地方,回到主场景作修改调整。

②输出 Flash 作品。首先按【Ctrl】+【S】快捷键保存文件,然后按【Ctrl】+【Shift】+【F12】快捷键,勾选"Flash"和"Windows 放映文件(.exe)"类型,单击【发布】按钮。

项目小结

　　Flash 动画短片在网上占据很大的市场,它具有成品上手快、文件短小、音画效果好、诙谐幽默等特点,非常适合网络传播。动画短片在发布之前需要考虑到网速问题,为避免观众烦心等待,比较合适的做法是在短片开始处添加 Loading 条,做到更人性化。

单 元 小 结

本单元共完成 4 个项目,学习后应有以下收获:
- 了解创作故事型短片应注意的几个方面。
- 熟悉剧本的创作思路。
- 掌握绘制矢量图的方法。
- 掌握多场景在动画创作中的运用。
- 了解声音在动画片中的作用。
- 掌握在 Flash 中的音效处理技术
- 了解 Loading 的脚本制作。
- 掌握测试与发布 Flash 的方法。